Stephanie Borgert

Gemeinsam denken, wirksam verändern

«Die Menschen wissen, was sie tun;
häufig wissen sie, warum sie das tun, was sie tun;
was sie aber nicht wissen, ist, was ihr Tun tut.»
(Michel Foucault)

GEMEINSAM DENKEN, WIRKSAM VERÄNDERN

Organisationaler Diskurs als Schlüssel zum Change

von

Stephanie Borgert

VERLAG FRANZ VAHLEN MÜNCHEN

vahlen.de

ISBN Print: 978 3 8006 7295 0
ISBN E-Book (ePDF): 978 3 8006 7459 6
ISBN E-Book (ePub) 978 3 8006 7458 9

Wilhelmstraße 9, 80801 München
Druck und Bindung: Beltz Grafische Betriebe GmbH
Am Fliegerhorst 8, 99947 Bad Langensalza

Satz: Fotosatz Buck, Zweikirchener Str. 7, 84036 Kumhausen
Produktion: Sieveking Agentur, München
Umschlag: Ralph Zimmermann – Bureau Parapluie
Illustrationen: Sandra Schulze, www.sandraschulze.com

vahlen.de/nachhaltig

Gedruckt auf säurefreiem, alterungsbeständigem Papier
(hergestellt aus chlorfrei gebleichtem Zellstoff)

INHALTSÜBERSICHT

ZWEITER TEIL

DENKEN, DISKURS UND VERÄNDERUNG

Stellen Sie sich vor, Sie sitzen in einem Meeting. Gemeinsam mit Ihren Kolleginnen und Kollegen erarbeiten Sie die kommende Veränderungsmaßnahme. Die Auseinandersetzung ist hitzig, Argumente fliegen durch den Raum, Standpunkte werden bezogen. Es wird leidenschaftlich argumentiert. Dann herrscht plötzlich Stille. Alle, auch Sie, denken nach. Aber nicht über das nächste Argument oder wie man hier als Sieger vom Platz gehen kann, sondern über all das Gehörte, die geteilten Sichtweisen, die jetzt bekannten Motive, die Einwände, die Wünsche. Es ist eine kurze Pause. Der Diskurs geht weiter, und er hat an Tiefe gewonnen. Es bleibt weiterhin hitzig und turbulent. Am Ende jedoch haben Sie gemeinsam eine Verabredung getroffen, die für alle Beteiligten verbindlich und orientierend ist.

Sollten Sie jetzt denken, dass es bei Ihnen im Unternehmen doch genau so läuft, dann antworte ich: *Allein, mir fehlt der Glaube*. Denken Sie gerade, dass es bei Ihnen und mit Ihren Leuten eh nicht möglich ist, entgegne ich: *Allein, Ihnen fehlt der Glaube*. Am Ende dieses Buches werden wir (vermutlich) zu der Erkenntnis kommen, dass beide Antworten richtig sind.

Veränderungen sind an der Tagesordnung. Change Projekte werden initiiert, Transformationen beschlossen und Maßnahmenkataloge erarbeitet. Ob diese Projekte tatsächlich zu 70 Prozent scheitern, ist nicht bewiesen. Im Organisationsalltag zeigen sich aber zunehmend Change-Müdigkeit, Ablehnung gegenüber beschlossenen Veränderungen, Aussitzen und Unterlaufen der Maßnahmen bis hin zu offenem Widerstand. Warum ist das so? Die häufige (oberflächliche) Antwort darauf lautet: *Die Menschen wurden nicht abgeholt, eingebunden, mitgenommen und erzeugen Gegenwind.* Aha, die Menschen leisten also Widerstand gegen Veränderung. Nicht selten wird darüber hinaus noch mit dem Alter der Beteiligten und deren Angst und Unsicherheit argumentiert. Diese Argumentation zeigt vor allem eines – das existierende Menschenbild. Vielleicht haben wir uns alle aber auch einfach an diese Erklärung gewöhnt. Veränderung – Widerstand – Mensch, fertig. Das ist einfach, geht schnell und wir müssen uns keine weiteren Gedanken machen.

Denn ob wir es Change, Transformation oder Veränderung nennen, wir beeinflussen damit die Organisation, also ein komplexes System. Eine Organisation lässt sich nicht über die Summe ihrer Mitglieder und deren jeweilige Persönlichkeit erklären. Es ist ein System, mit etablierten Strukturen und dem Zweck, sich selbst zu erhalten. Mit diesem Blick auf Organisation ändern sich die Fragen, die wir uns stellen, wenn es um Veränderung geht. Welche Strukturen, also welche unserer expliziten und impliziten Verabredungen von Zusammenarbeit, müssen sich ändern? Wo liegt eine große Hebelkraft? Welche Strukturen verhindern oder hemmen die Veränderung möglicherweise? Haben wir ausreichend Energie und Instabilität im System für den Change?

Diese Fragestellungen kommen bisher kaum vor in den Kick-offs für die agile Transformation, den Strategiewechsel oder die Erschließung neuer Märkte. Solange wir aber unseren Blick auf die Menschen (und deren Widerstand) halten, wird sich die Diskussion um gescheiterte Vorhaben nicht verändern und der Erfolg weiterhin eher zufällig bleiben.

Organisationaler Diskurs – kein Rezept, sondern Instrument

Was also ist zu tun? Die kurze Antwort an dieser Stelle: einen organisationalen Diskurs führen.

Das klingt zunächst nach einer bestimmten Art, miteinander zu sprechen, nach einer Kommunikations-Methode, eventuell sogar zeremoniell. Da haben Sie sicher schon einiges probiert. In vielen Organisationen wird die Diskussion um Meeting-Regeln, Zuhör-Techniken und Sprechsteine genauso regelmäßig wiederholt, wie der Blick auf gescheiterte Maßnahmen. Unterstelle ich etwa, dass nicht «gut» miteinander gesprochen wird? Ja, das tue ich. Als Sammelbegriff für die Art und Weise, wie Meetings, Workshops, Retrospektiven oder Führungskräfterunden kommunikativ ablaufen, verwende ich gern den Begriff «undiszipliniert». Was meine ich damit? Viele Aspekte oder Problemstellungen werden gleichzeitig in die Luft geworfen, die Redenden beziehen sich nicht aufeinander, Reden dient einzig dem Verteidigen des eigenen Standpunktes, Fragen werden kaum gestellt, Grundannahmen zum eigenen Standpunkt nicht mitgeliefert. Es wird in Bewertungen gesprochen, ohne die Beobachtung zu benennen, es gibt keine Momente des Schweigens und Probleme werden nicht in der Tiefe betrachtet. Alles soll schnell gehen, und auf jeden Fall müssen am Ende konkrete To-dos herauskommen. Viel Rauschen, wenig Gespräch.

Schnell erklingt mitunter der Ruf, diese Phänomene über die rote, gelbe, grüne oder blaue Persönlichkeit der Menschen zu verargumentieren und dann die Lösung in Seminaren zu gewaltfreier Kommunikation oder Regeln für wertschätzendes Feedback zu erhoffen. Auch hier sind die Menschen nicht das Problem. Wir haben Systeme und damit Strukturen etabliert, die ernsthaften, verbindlichen organisationalen Diskurs be- oder sogar verhindern. Damit sorgt der Ruf nach Wir-Gefühl, Eigenverantwortung und Wertschätzung für eine Ambivalenz bei den handelnden Menschen. Wir «verabreden», wie wir miteinander umgehen, halten uns aber nicht daran. Das erzeugt Frust. Wenn unsere Strukturen einen Diskurs nicht zulassen, sollten wir zunächst unser System betrachten und daran arbeiten.

Wir reden «nicht passend» miteinander, weil wir verlernt haben, miteinander zu denken. Das Denken ist der zugrunde liegende Knackpunkt. Die Mitarbeitenden in den Unternehmen, die ich begleiten darf oder durfte, können miteinander denken, aber nur im Krisenfall. Laufen die Organisationen auf Normalbetrieb, fallen sie in undisziplinierte Interaktionsmuster zurück. Ein spannendes Phänomen, denn die geltende Struktur wird in einer Krise quasi ausgehebelt. Dann ist zu beobachten, wie Gespräche tiefer werden, langsamer mitunter, Denkpausen entstehen, Standpunkte bezogen und wieder aufgegeben werden.

Im organisationalen Diskurs, der in Kleingruppen stattfindet, denken die Teilnehmenden über ihr Denken nach, über Struktur und geltende Normen in der eigenen Organisation, die Routinen ihres Handelns und die kollektiven Bewertungsmuster. Sie reflektieren gemeinsam und betrachten sich dabei als Individuum, als Team und die Organisationsebene. Das ist nicht trivial und durchaus anspruchsvoll. Dann können wesentliche strukturelle Verabredungen neu getroffen oder verändert werden.

Wie das konkret geht, welche Phasen es braucht und mit welchen Risiken und Nebenwirkungen zu rechnen ist, stelle ich Ihnen in diesem Buch vor. Weil organisationaler Diskurs keine Methode und auch kein Rhetorik-Fahrplan ist, liegen ihm einige Prinzipien zugrunde, damit er seine veränderungswirksame Kraft entfalten kann. Veränderung gelingt, wenn wir in einen guten Diskurs finden, und der bedeutet, miteinander zu denken. Was also erwartet Sie konkret im Folgenden?

Im ersten Teil setzen wir uns mit grundlegenden Denkmodellen auseinander. Wie erklären wir uns die Welt, das Verhalten anderer Menschen, Probleme, Situationen, die Organisation? Welche Theorien und Modelle legen wir dabei zugrunde? Diese Fragen sind zentral, vor allem wenn es um Change geht. Wir werden mit einigen Überzeugungen aufräumen, die heute immer noch in vielen Organisationen zu finden sind. Wir beschäftigen uns mit den Menschenbildern in Organisationen und gehen Fragen nach wie *Was ist Wirklichkeit?* oder *Was verstehen wir unter Kommunikation?* Was braucht es, um Veränderungen umzusetzen? Was ist denn Basis für Veränderungen und warum sollten wir über Probleme sprechen? Ich lade Sie ein, Ihre eigenen Überzeugungen zu reflektieren und auf Validität zu überprüfen. Gerade so wie im Diskurs.

Damit ist das Fundament gelegt, und wir steigen im Zweiten Teil intensiv in den Viersprung des organisationalen Diskurses ein:

Reflect – Irritate – Declare – Agree

Dazu stelle ich Ihnen die philosophischen Wurzeln des organisationalen Diskurses vor. Wir klären, in welchem Kontext der Diskurs seine volle Wirksamkeit entfalten kann, welches Setting dafür notwendig ist und natürlich auch, mit welchen Wirkungen Sie rechnen dürfen.

Der organisationale Diskurs ist ein multi-disziplinäres Instrument zur Organisationsentwicklung. Die Einflüsse aus den diversen Denkschulen sorgen für Widersprüche und Paradoxien. Die erspare ich Ihnen nicht. Im Gegenteil, das genau sorgt für gute Momente, um intensiv nachzudenken und die eigene Sichtweise zu überprüfen.

Die wichtigsten Einflussgebenden des organisationalen Diskurses

Warum die Ameisen?

Ameisen gehören zu den im Kollektiv lebenden Tieren, die mich schon lange faszinieren. Sie leben in Kolonien mit teilweise mehreren Millionen Insekten. Da braucht es ein gutes Zusammenspiel, damit nicht nur das Chaos herrscht. Sie führen Krieg, suchen nach Futter und bauen gigantische Hügel mit Kammersystemen. Sie lösen also komplexe Aufgaben. Ameisen organisieren sich ohne zentrale Steuerung. Sie arbeiten arbeitsteilig, jede Ameise weiß immer, was ihre Aufgabe ist.

Bei Bedarf jedoch, wenn beispielsweise ein Ameisenbär den Hügel plündert, organisieren sie sich neu. Funktionen werden gewechselt. Jede Ameise übernimmt die jetzt notwendige Aufgabe, ebenfalls ohne dass ihr das jemand sagt oder vorgibt. Diese kleinen Tiere mit ihren winzigen Gehirnen sind nicht besonders clever. Als Kollektiv jedoch unschlagbar. Ihre Organisation lässt sich nicht über die einzelne Ameise erklären, sondern über ihr Zusammenspiel. Jede Ameise trifft zwar Entscheidungen, jedoch sehr lokal in ihrem direkten Umfeld. Als Ganzes sind Ameisenkolonien quasi Super-Organismen, denn das große Ganze funktioniert bestens, und zwar ohne formale Führungskraft oder Koordinationsstelle. Kein Wunder also, dass Forschende schon lange daran arbeiten, was wir Menschen von den Ameisen in Bezug auf Verkehrsführung oder Organisieren lernen können. Kolonien sind ein Paradebeispiel für komplexe Systeme und aus diesem Grund illustrieren Ameisen einige Aspekte in den kommenden Kapiteln.

Mit diesem Buch möchte ich Ihnen Impulse, Einsichten und Anregungen liefern, damit Sie leicht in einen organisationalen Diskurs finden. Einen Diskurs, der auseinandersetzungsstark, tiefgehend, konstruktiv, zielgerichtet und gleichzeitig offen sein kann. Ihn in Ihrem Kontext zu durchdenken, auszugestalten und zum Leben zu erwecken, müssen Sie jedoch selbst. Dabei wünsche ich Ihnen gutes Gelingen und schöne Überraschungen.

ERSTER TEIL

EINE KURZE GESCHICHTE DES KOMPLEXEN DENKENS

Anfang der 2000er-Jahre arbeitete ich als IT-Beraterin für ein renommiertes Software- und Systemhaus. Ich hatte formale Führungsverantwortung für rund 20 Mitarbeitende, und noch einigen mehr war ich fachlich vorgesetzt. Gemeinsam betreuten wir einen der wesentlichen Kunden unseres Arbeitgebers. Das war spannend, weil wir laufend mit dem Kunden über dessen Probleme philosophieren durften und Ideen erdenken konnten. So schön meine Rolle und die Zusammenarbeit waren, gab es doch immer wieder ein Ärgernis. Wann immer ich mit einer Produkt- oder Serviceidee vom Kunden «heimkam» und mich an die entsprechenden Kollegen aus Consulting, Produktentwicklung oder auch Marketing wandte, erntete ich nichts als Ablehnung. *Das ist nicht eingeplant. Keine Ressourcen. Passt gerade nicht zur Strategie. Das macht ja noch kein Wettbewerber, da wären wir die ersten.* Mehr als einmal stand ich fassungslos vor diesen «Ausreden» und fragte mich, was denn los sei. Ich verortete das Nichtwollen in den handelnden Menschen: *Der Leiter des Marketings hat doch keine Ahnung. Die Chefin des Consulting-Bereiches denkt nicht an den Kundennutzen.* Ich arbeitete mich an den Menschen ab. Das half aber nicht. Mein Frust stieg, denn dieses Spiel wiederholte sich zigfach. Die Diskussionen zwischen den Verantwortlichen und mir wurden hitziger, meine Meinung über sie schlechter. Ich merkte, dass ich mich im Kreis drehte, hatte aber kein anderes «Erklärungsmodell» zur Verfügung als die handelnden Menschen.

Irgendwann in dieser Zeit stolperte ich über die Arbeiten von Jay W. Forrester und Donella Meadows. Ich tauchte ein in die Welt der Systemdynamik. Zum ersten Mal betrachtete ich unsere Organisation als ein *System*. Und ebenfalls zum ersten Mal fragte ich mich, mit welchem Modell beziehungsweise auf Basis welcher Theorie ich mir eigentlich «die Welt» erkläre. Aus dem Stand fand ich die Frage schwer zu beantworten, aber nach ein wenig Reflexion war klar, dass ich bis dahin ausnahmslos individualistisch versucht hatte alles Mögliche zu erklären. Warum das Marketing sich immer sperrt, genauso, weshalb ich mich in meiner Rolle als Führungskraft nicht pudelwohl fühlte. *Das muss ursächlich in den Menschen (also auch in mir) begründet sein*, da war ich mir (bis dahin) sicher.

Ab dem Zeitpunkt meiner Begegnung mit den Systemtheorien las ich alles, was mir in die Finger kam: Bateson, von Foerster, Maturana, Haken und viele andere. Es ergaben sich so viel passendere Erklärungen für all die Situationen, die ich erlebt hatte. Und mindestens genauso gewichtig war, dass mir die Systemtheorien neue Möglichkeiten eröffneten, um Einfluss zu nehmen.

Analyse oder Synthese – wir entscheiden

All unsere Erklärungen basieren auf Annahmen. Die sind nichts anderes als Ableitungen von Theorien, wobei jede Theorie wiederum auf einer allgemeineren basiert. Die Allgemeinste ist dabei unser Weltbild, unsere Weltanschauung. Wie denken wir über die Welt? Auf welche Art und Weise?

Seit der Renaissance als «Geburtsstunde moderner Wissenschaft» leitet uns die Analyse, wenn es darum geht, Dinge zu verstehen. Sie ist unser übliches Denkmodell, und so werden wir heute noch in den Bildungseinrichtungen und Unternehmen sozialisiert. Was tun Sie, wenn Sie einen Gegenstand in die Hand nehmen, den Sie nicht kennen? Vermutlich werden Sie ihn (zumindest gedanklich) zerlegen und die Einzelteile zu verstehen versuchen. Danach setzen Sie ihn wieder zusammen. Ihr Verständnis entsteht über das Verstehen der Einzelteile. Das genau ist Analyse. Wir nutzen den Begriff als Synonym für das Denken. Dahinter steckt nicht nur die Annahme, dass wir über etwas vollständiges Verständnis erlangen können. Wenn wir Dinge in Einzelteile zerlegen, dann betrachten wir auch die Beziehung zwischen den Teilen. Dabei reduzieren wir wieder, auf die *eine* Beziehung. Wir benennen sie dann als Ursache-Wirkungs-Relation. Wie so viele Begriffe und Ausdrücke ist die ursprüngliche Bedeutung dieser Beziehung meist nicht mehr bekannt. Es ist aber wichtig, weshalb ich hier kurz erinnern möchte:

- Die Ursache ist notwendig, um die Wirkung zu erzeugen.
  Die Wirkung tritt nicht ein, wenn die Ursache fehlt.

- Die Ursache reicht aus, um die Wirkung zu erzeugen.
  Wenn die Ursache eintritt, muss die Wirkung folgen.

Dem reduktionistischen Denkmodell nach müssen wir nur die Ursache finden, um etwas zu erklären. Vielleicht nehmen Sie zu Ihrem Vergnügen mal einige oft diskutierte Überzeugungen und überprüfen deren Ursache-Wirkungs-Relation. *Jede Veränderung erzeugt Widerstand bei den Menschen. Der FC Liverpool gewinnt die Champions League, weil Jürgen Klopp sie trainiert. Das Team «performt nicht», weil es gerade keine Führungskraft hat.*

Was aber, wenn die Ursache sich nicht so leicht finden lässt? Dann behandeln wir sie eben wie eine Wirkung und suchen nun nach deren Ursache. Irgendwann, so das eingeübte Denken, müssen wir ja bei der einen *ersten* Ursache ankommen. In Veränderungsprozessen werden hierfür dann oft die Menschen als Platzhalter genommen. Die Umwelt wird jedoch nicht mitbetrachtet. Wir denken also kontextfrei über Erklärungen nach und limitieren damit den Erklärungsraum deutlich. Deshalb braucht es ein «anderes Denken».

Analyse versus Synthese

Wie organisieren Ameisen ihre Versorgung mit Nahrung und finden dabei schnell den kürzesten Weg, ohne Staus zu produzieren?

Analyse: Wir starten beim System Ameisenstaat, zerlegen ihn in Teilsysteme wie Königin, männliche Ameisen und Arbeiterinnen. Dann betrachten wir die Arbeiterinnen, weil die sich um Nahrung kümmern. Also zerlegen wir am Ende eine Ameise in ihre «Elemente». Kein Element kann die Aufgabe erfüllen, die Frage wird so nicht zu beantworten sein. Durch Analyse können wir dieses System nicht verstehen.

Synthese: Wir beginnen mit der Betrachtung der Ameise und ihres Umfeldes. Der Ameisenstaat ist Teil des Ökosystems Wald, der wiederum eingebettet ist in ein größeres System. Unsere Frage lässt sich beantworten, wenn wir auf die Funktion schauen, die Ameisen gemeinsam erfüllen können, eine allein jedoch nicht. (Spoiler: Ameisen nutzen Pheromone. Der Mechanismus wird in **Kapitel #2 Organisation als komplexes System** etwas näher erläutert.) **Es sind die Wechselwirkungen der Elemente, die die Eigenschaft des Systems ausmachen.**

Wichtige Impulse dieses «anderen Denkens» brachten Kybernetiker wie Norbert Wiener in den 1940er-Jahren in die Welt. Sie schauten auf Systemen, Wechselwirkungen und Zusammenhänge. Sie untersuchten Systeme, die aus vielen Elementen und Wechselwirkungen bestehen. Jedes Element kann das Verhalten des Systems beeinflussen, ist aber nie unabhängig in seiner Wirkung. **Ein System ist ein Ganzes, das eben nicht in seine Teile zerlegt werden kann, ohne die Eigenschaft des Systems zu verändern.** Kein Element hat die Eigenschaft des Systems. Zerlegen Sie Ihr Smartphone in seine Bestandteile, werden Sie mit dem Akku allein nicht telefonieren können. Dabei ist der Akku durchaus wichtig als Element, damit Ihr Smartphone seinen Dienst tut. Ein System, ob Smartphone, Auto, Ihr Körper, eine Organisation oder ein Projekt, ist nicht bloß die Summe seiner Teile. **Es ist das Produkt ihrer Wechselwirkungen. Es geht also darum, wie die Teile miteinander wirken, nicht wie sie einzeln funktionieren – Synthese.** Das ist komplexes Denken und das Gegenstück zur Analyse. Da, wo Analyse zu Wissen über «wie etwas funktioniert» führt, fokussiert die Synthese auf Funktionen und kommt zu einem Verständnis «warum es so funktioniert, wie es funktioniert».

Der Organisationstheoretiker und Systemdenker Russell L. Ackoff hat das an einem kurzweiligen Beispiel erläutert. Warum fahren die Briten auf der «falschen» Straßenseite? Das geht zurück auf das Mittelalter, in dem die Ritter ihr Schwert oder ihre Lanze rechts trugen und sich links mit dem Schild schützten. Der Feind wurde also von links angeritten. Das übernahmen sie für das Autofahren. Nur der Vollständigkeit halber; nicht ganz Europa fährt links, weil Napoleon in allen von ihm eroberten Ländern Rechtsverkehr befahl. Da er England nicht erobern konnte, blieb es dort wie gehabt. Die Erklärung für den Linksverkehr liegt also nicht im sondern außerhalb des Systems Auto. Sie können beliebig viel Analyse auf das Auto an sich verwenden, eine solche Frage kann so nicht beantwortet werden. Das ist ein entscheidender Punkt, wenn wir Zusammenhänge, Vorgänge, Ereignisse oder Probleme erklären wollen. Wir müssen die Umwelt mitbetrachten, auf Funktionen schauen, die Zusammenhänge beleuchten und Wechselwirkungen statt linearer Kausalbeziehungen sehen.

**«Erst die Theorie entscheidet darüber,
was man beobachten kann.»
(Albert Einstein)**

Das systemische oder komplexe Denken ist *ein* Denkmodell. Die Frage lautet immer, welches Modell oder welche Theorie in einem spezifischen Kontext hilfreicher ist. Die Hypothese, die ich Ihnen hier anbiete, ist die folgende: **Wenn wir Organisationen als Systeme betrachten und gemeinsam komplex denken, werden wir anders miteinander in den Diskurs gehen, Veränderungsvorhaben beschleunigen und deren Erfolg wahrscheinlicher machen.**

Ich bin davon überzeugt, dass wir in Bezug auf unser Denkmodell zu Organisation und Zusammenarbeit am Beginn einer Zeitenwende stehen, weg vom rein reduktionistischen hin zum systemischen oder (wie ich es nenne) komplexen Denken. Um es klar zu schreiben – SCRUM, Spotify, Kickertische und Home-Office haben die Wende weder initiiert noch durchgeführt. Sie sind maximal Artefakte entlang des Weges. Das, was sich verändern wird, sind die tiefen Überzeugungen in Bezug auf das Organisieren von Arbeit.

Ich hoffe, Ihnen Appetit auf komplexes Denken und die Systemtheorien gemacht zu haben. Das wäre gut für die kommenden Kapitel, in denen ich wesentliche Denkwerkzeuge vorstelle, die für ein «Systemverständnis» zentral sind. Die Prinzipien des organisationalen Diskurses sind stark von den Systemtheorien geprägt, wobei sie nicht einer einzigen Schule folgen. So biete ich Ihnen einmal mehr soziale Systemtheorie an, mal mehr Systemdynamiken. Das ist meine persönliche Auswahl und kann keine vollständige oder gar widerspruchsfreie Darstellung aller Konzepte sein. Es sind Modelle, Theorien und Denkwerkzeuge, die sich in meiner Arbeit immer wieder als passend erwiesen haben.

DIE ERKENNTNISSE IN KURZFORM

- Analyse ist das uns bestens bekannte Instrument, um Dinge zu erklären.
- Analyse bedeutet, Dinge in seine Teile zu zerlegen und über die einzelnen Elemente zu erklären.
- Dabei unterstellen wir oft *die eine* Ursache-Wirkungs-Beziehung.
- Analyse ist weiterhin gut und richtig, scheitert aber bei dem Versuch, ein System zu erklären.
- Systeme lassen sich verstehen, wenn über Synthese das Umfeld und die Zusammenhänge mitbetrachtet werden. Das nenne ich komplexes Denken.
- Komplexes Denken ist die Denkbasis des organisationalen Diskurses.

PRINZIPIEN FÜR DEN ORGANISATIONALEN DISKURS

#1 Wirklichkeit ist ein Konstrukt

«Du fühlst dich im Moment sicher wie Alice im Wunderland, während sie in den Kaninchenbau stürzt?», wendet sich Morpheus an Neo, nachdem dieser im Sessel Platz genommen hat. «Du siehst aus, wie ein Mensch, der das, was er sieht, hinnimmt, weil er damit rechnet, dass er wieder aufwacht. Ironischerweise ist das nah an der Wahrheit. Glaubst du an das Schicksal Neo?» Neos klare Antwort lautet Nein. «Mir missfällt der Gedanke, mein Leben nicht unter Kontrolle zu haben».

Morpheus bietet Neo die Wahl zwischen der roten und der blauen Kapsel. Nimmt er die blaue, kann er weiterhin glauben, was er glauben will. Er bleibt in der von Maschinen geschaffenen Scheinwelt. Wählt Neo dagegen die rote Kapsel, geht er in die tiefsten Tiefen des Kaninchenbaus und erlebt die Matrix. «Bedenke, alles, was ich Dir anbiete, ist die Wahrheit, nicht mehr», ist Morpheus' letzte Warnung, als Neo die rote Pille mit einem Schluck Wasser runterspült. [...]

Ist das hier wirklich? Neo staunt. Morpheus antwortet: «Was ist Wirklichkeit? Wie definiert man das? Realität? Wenn du darunter verstehst, was du fühlst, was du riechen, schmecken oder sehen kannst, ist die

Wirklichkeit nichts weiter als elektrische Signale, interpretiert von deinem Verstand».

Die Umstände in unseren Organisationen sind andere, jedoch erzeugt auch jede Organisation ihre eigene Traumwelt, die durchaus vehement als objektive Realität verteidigt wird. Das, was im Film «Matrix» auf die Spitze getrieben wurde, tun wir Menschen fortlaufend: **Wir konstruieren unsere Wirklichkeit.**

Unter dem Begriff «Konstruktivismus» gingen und gehen Wissenschaftler verschiedenster Disziplinen der Frage nach, wie wir Menschen zu Erkenntnissen und Wissen kommen. Die meisten stimmen darin überein, dass dies durch Kommunikation geschieht. So konstruieren wir uns ein Modell der Welt. Wir sehen und erleben keine objektive Wirklichkeit, sondern nehmen das Reale gefiltert wahr und interpretieren so unsere individuelle subjektive Wirklichkeit.

Das ist an sich keine erschütternde Neuigkeit mehr, erleben wir individuelle Konstruktionen doch stetig. Was beispielsweise geschieht, wenn Sie mit dem Team, in dem Sie arbeiten, eine Teamentwicklungsmaßnahme durchführen? Vielleicht ein Besuch in einem Escape-Room? Das ist zurzeit populär, und die Versprechungen lauten mehr Wir-Gefühl durch gemeinsame Problemlösung, Spannung und Spaß. Nehmen wir an, es sind acht Teammitglieder, dann können es acht verschiedene Wirklichkeiten sein in Bezug auf Ihren Vorschlag. Von *Richtig cool, haben uns besser kennengelernt* bis zu *Grauenvoll, so wollte ich mich nicht vor meinen Kollegen zeigen.* Und alle haben recht. Wahr ist, was jeder Einzelne als seine oder ihre Wirklichkeit konstruiert.

«Würde man die gute Gewohnheit haben, dem, was man spricht, zuzuhören, hätte man das schon längst gemerkt: denn was man wahrnimmt, nimmt man für wahr. Es gibt ja kein Falschnehmen. Es sind ja immer nur die anderen, die behaupten, man sähe nicht recht, man wäre das Opfer einer Illusion, wenn sie was anders sehen. Was ich mir er-eigne, meine Wahrnehmung, mag kein Ereignis sein für andere.» (Heinz von Foerster, 2012)

Das Konstruieren ist dabei ein aktiver Prozess. Was immer unsere Sinne erfahren, ein Gegenstand oder ein «Fakt», wir beginnen ihn zu interpretieren. Sie kennen sicher die altbekannte Frage nach dem Glas Wasser, mit der sich bestimmen lässt, ob Sie Optimist oder Pessimist sind. Der Optimist sagt, das Glas sei halb voll. Der Pessimist betrachtet es als halb leer. Das Reale ist identisch, die Wirklichkeiten verschieden. Das Glas Wasser an sich macht uns kein Problem, die Zuschreibung von Bedeutung unter Umständen schon. **Gerade in der Zusammenarbeit und in Veränderungsprozessen entstehen Diskrepanzen und Konflikte nicht durch das Reale, sondern durch die diversen Konstruktionen und das diese als Meinungen mit allen Mitteln verteidigt werden.** Vor allem, wenn mit ihnen ein Wahrheitsanspruch (der nicht existieren kann) gestellt wird. Aus genau diesem Grund finde ich den Konstruktivismus so praktikabel. Er macht uns die subjektiven Wirklichkeiten bewusst.

In einem seiner Vorträge hat Heinz von Foerster seinen Zuhörenden eine Unterscheidung angeboten, die ich hier an Sie weiterleite. Handelt es sich bei den folgenden Begriffen um Entdeckungen oder Erfindungen?

- Formeln
- Zahlen
- Ordnung
- Gegenstände
- Naturgesetze
- Taxonomien

Sollten Sie dazu tendieren, diese Begriffe als Erfindungen zu betrachten, so sind Sie vermutlich ein konstruktivistisch denkender Mensch. Widerspruch oder sogar Empörung entsteht üblicherweise spätestens bei den Naturgesetzen. Auf jeden Fall lässt sich mit dieser Unterscheidung eine energiegeladene Debatte über «wie die Welt ist» anzetteln und Einsicht in die Denkweisen der Beteiligten gewinnen.

Die konstruktivistische Sicht ist für viele Menschen zunächst irritierend, sprechen wir doch im Organisationsalltag über Excel-Tabellen, Prozesse, Kundenzentrierung oder Purpose, als seien sie Reales. Dabei verwenden wir einen wesentlichen Teil unserer Energie auf die Diskussion über Konstruktionen. Sobald wir erkennen, dass es Konstruktionen, also subjektive Wirklichkeiten sind, ist der Weg frei für De-Konstruktion: Wenn ich etwas *so* sehe, kann ich es auch *anders* sehen. In einem intensiven Austausch zu organisationalen Veränderungsvorhaben geht es deshalb um gemeinsame Sinnsetzung. Die erleben wir aber nur, wenn jede und jeder seine Wirklichkeit auch mal korrigiert.

Aber objektiv gesehen ... Beginnt eine Aussage mit dem Ruf nach Objektivität, kann das diverse Gründe haben. Eventuell möchte dieser Mensch sein wohlkonstruiertes Weltbild nicht irritieren lassen und weicht auf «die Objektivität» aus. Womit er oder sie sich gleichzeitig aus der Verantwortung schleicht, denn Objektivität braucht die Trennung zwischen Beobachteten und demjenigen, der beobachtet. Er oder sie wird zu einem unbeteiligten Dritten, der sich und seine Betrachtungsweise nicht mehr infrage stellt. Das ist, gemäß meinen Ausführungen oben, das Gegenteil des konstruktivistischen Denkens. Im Konstruktivismus sind Beobachter und Beobachtetes miteinander verbunden, untrennbar.

Worauf wir in diesem Zusammenhang unsere Aufmerksamkeit auch richten dürfen, ist die Bestätigung unseres Erlebens durch andere. Denn das lässt uns schnell an Objektivität glauben. Wenn alle das so sehen, dann ist die Welt auch so. Dasselbe gilt für wiederholtes Erleben. In Kombination dieser beiden Phänomene kann es schon einmal schwer werden, genau eben nicht in das Schema «objektiv gesehen» zu verfallen. Denn es existiert keine objektiv wahre oder die richtige Lösung.

Solange die Dinge für uns «rund» laufen und die Wirklichkeitskonstruktion passt, geht es uns gut. Die vermeintliche Sicherheit einer wirklichen Wirklichkeit wird genährt. Was aber, wenn wir irritiert werden? Was, wenn unsere subjektive Wirklichkeit mit dem Realen kollidiert? Dann haben wir zwei Möglichkeiten:

- die Realität in unsere Wirklichkeit assimilieren oder
- die eigene Konstruktion an die Realität akkommodieren.

Beides sind Anpassungsprozesse, jedoch mit unterschiedlicher Zielsetzung. Ein vereinfachtes Beispiel ist der Umgang einer Führungskraft «der alten Schule» mit Agilität. Das bisherige (hier unterstellte) Verständnis von Führung als Command-and-Control bleibt bestehen. Agilität wird uminterpretiert in «das ist ja jetzt auch nichts wirklich Neues». Das ist

Assimilation. Es besteht aber auch die Möglichkeit, eine neue Dimension zu eröffnen und damit das eigene Weltbild zu erweitern. Das wäre Akkommodation. So oder so, wann immer etwas die eigene, stabile Wirklichkeitskonstruktion stört, bedarf es einer Anpassung. Nutzen Sie sie.

Beobachten und beschreiben

Wir alle sind Beobachter, ständig. Gerade eben beobachte ich unseren Hund, der versucht, meine Aufmerksamkeit zu bekommen. In dem gerade formulierten Satz steckt aber bereits viel mehr als meine reine Sinneswahrnehmung, nämlich die Absicht, die ich dem Hund zuschreibe. Bleibe ich bei der Beschreibung dessen, was ich sehe, höre oder auch rieche, käme eine Auflistung von Sinneseindrücken zustande. Konkret zwar, aber ohne Aussage über meine Interpretation und Bewertung. Die liefern wir üblicherweise jedoch sofort mit, wenn wir über einen Sachverhalt sprechen. Das geht schnell, und wir können so auch komplexe Zusammenhänge in vermeintlich leicht verdauliche Happen zusammenfassen. In vielen Fällen unseres Lebens ist das nicht tragisch, im organisationalen Kontext kann das jedoch zu Konflikten, schlechten Problemlösungen und Missverständnissen führen. Die Bewertungsebene allein reicht nicht aus, um die verschiedenen Wirklichkeiten zu erfassen oder gar eine gemeinsame Sinnsetzung zu etablieren.

Die Operation des Beobachtenden ist das Unterscheiden. Der Kybernetiker Gregory Bateson hat diese Grundprämisse in die systemtheoretische Arbeit vieler Kolleginnen und Kollegen gebracht. «Informationen bestehen aus Unterschieden, die einen Unterschied machen. Wenn ich die Aufmerksamkeit auf den Unterschied zwischen der Kreide und einem Stück Käse richte, werden Sie durch diesen Unterschied beeinflusst, indem Sie es vielleicht unterlassen, die Kreide zu essen, oder dies vielleicht probieren, um meine Behauptung zu verifizieren» (Bateson, 1979).

Wollen wir die Wirklichkeitskonstruktionen der Menschen in der Zusammenarbeit nutzbar machen, dann empfiehlt sich, nicht nur Bewertungen zu liefern, sondern auch die Beobachtungen und Erklärungen. Was genau nehme ich wahr? Was selektiere ich in meiner Beschreibung? Worauf liegt der Fokus? Was blende ich gegebenenfalls aus? Welche Hypothesen bilde ich auf Basis der gewählten Daten? Welche Erklärung finde ich, und wo verorte ich Ursachen? Am Ende steht die Frage, wie ich das Ereignis bewerte.

Auf all diesen Ebenen haben die Menschen mitunter verschiedene Wirklichkeiten. Sie wählen verschiedene Ausschnitte, finden diverse Erklärungen und bewerten eventuell auch anders. Ein wunderbarer Nährboden für Differenzen und gleichzeitig ein großartiger Pool für Ideen und Lernen.

Ein praktikables Denkwerkzeug, um die eigenen Annahmen und Überzeugungen zu reflektieren, ist die Metapher **Leiter der Schlussfolgerung**. Chris Argyris formulierte sie in den 1970er-Jahren, um den Prozess des menschlichen Schlussfolgerns zu verdeutlichen:

- Auf Basis der Überzeugungen handeln
- Überzeugungen über die Welt annehmen
- Schlussfolgerungen ziehen
- Vermutungen auf Basis der zugewiesenen Bedeutungen anstellen
- Zuweisen einer Bedeutung (kulturell und persönlich)
- Auswahl bestimmter Daten oder Information über das, was Sie wahrnehmen
- Beobachtbare «Daten» und Erfahrungen

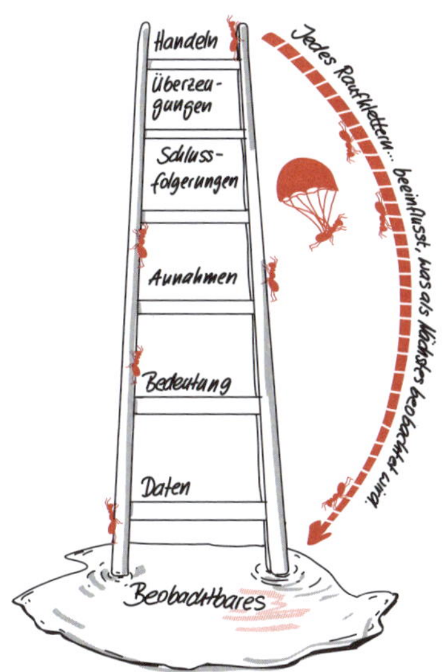

Wahrnehmung – ein getrübtes Vergnügen

Wir können uns täuschen, etwas verzerrt wahrnehmen, fehlinterpretieren, uns etwas einbilden oder halluzinieren. Nennen Sie es, wie Sie wollen, vor Wahrnehmungstäuschungen sind wir nicht gefeit. Optische Täuschungen kennen Sie alle, sie sind leicht nachvollziehbar und mitunter sehr unterhaltsam. Die weniger greifbaren kognitiven Verzerrungen warten an jeder

Ecke auf uns, und ohne Bewusstheit für diese Phänomene, unterliegen wir ihnen leicht, beispielsweise den folgenden Verzerrungen.

Kontextignoranz: Derselbe Mensch wird in verschiedenen Kontexten jeweils anders wahrgenommen. Begegnen wir einem Kollegen im Büro, in der Kirche und in der Sauna, werden unsere Interpretationen und Bewertungen anders sein.

Attributionsfehler entstehen aus der Neigung, die zugeschriebenen Merkmale von Personen zu überschätzen und gleichzeitig die situativen Eigenschaften zu unterschätzen. Suchen wir für jede Situation die Erklärung in der Persönlichkeit der Menschen, statt den Kontext zu betrachten, greift vermutlich diese Verzerrung. Das kann so weit gehen, dass die Zugehörigkeit eines Menschen zu einer Gruppe ausreicht, um ihn zu bewerten. *Sie handelt genau so, weil sie zu HR gehört.*

Bestätigungsfehler: Wir tendieren dazu Informationen so zu interpretieren, dass sie unsere Erwartungen bestätigen. Bin ich zutiefst überzeugt, dass die kommende Besprechung reine Zeitverschwendung ist, fokussiere ich auf genau jene Aspekte, die meiner Erwartung entsprechen. Am Ende sage ich dann: *Habe ich doch vorher gewusst.*

Unbewusste Vorurteile beeinflussen die im Laufe der Zeit erlernten Stereotype, ohne dass sie unser Bewusstsein erreichen, wie wir über bestimmte Menschen denken und uns ihnen gegenüber verhalten. Wir alle haben diese sogenannten unconscious biases und sollten sie immer mal reflektieren.

Konformitätsdruck entsteht aus verschiedenen Gründen, führt aber dazu, uns den Meinungen einer Gruppe anzuschließen, statt eine eigene zu vertreten. Der conformity bias sorgt dafür, dass die etablierte Gruppennorm Bestand hat.

Affinity bias ist die Tendenz, uns in Gegenwart von Menschen, die so sind wie wir, wohler zu fühlen. Wir bevorzugen die Sichtweisen von Menschen mit ähnlichem Hintergrund, Erfahrungen und Interessen. «Die anderen» lehnen wir mitunter ab.

Selbstüberschätzung ist eine kognitive Verzerrung, die immer wieder in Selbsteinschätzungen zum Autofahren deutlich wird. Menschen überschätzen ihr eigenes Können und sehen sich im Vergleich zu anderen als Experten.

Scheinkorrelationen: Vermutlich kennen Sie die lustigen Scheinkorrelationen wie *Schuhgröße und Einkommen* oder *Anzahl Filme mit Nicolas Cage und weibliche Autorinnen einer Zeitung*. Nur weil Daten korrelieren, muss es keine Kausalität geben. Diese Unterscheidung ist fundamental.

Die Sache mit dem Mindset

Das Mindset ist entscheidend! Wir brauchen Menschen mit agilem Mindset! Wie trainieren wir das richtige Mindset? Diese Aussagen und Fragen sind leider nach wie vor alltäglich zu hören auf Fluren und in Trainingsräumen. Mir ist wichtig, hier aus konstruktivistischer Perspektive einen Blick auf die Mindset-Debatte zu werfen, denn die naive Idee, mentale Modelle absichtsvoll und direkt ändern zu können, ist übergriffig und obsolet.

Menschen sind komplexe bio-psycho-soziale Systeme. Als solche organisieren wir uns selbstreferenziell (⇒ **Glossar**). Unser Gehirn als kognitives System ist informational offen und gleichzeitig operational geschlossen. Es hat keinen direkten Zugang zur Umwelt und diese kann ebenfalls nicht direkt einwirken. Es braucht Störung (Pertubation), damit das Gehirn sich eventuell neu sortiert:

> «Das Gehirn ist [...] ein [...] selbstreferentielles System. Seine neuralen Zustände sind zirkulär angeordnet, sie interagieren in unendlich rekursiver Weise miteinander. Es kann über die Sinnesorgane von Ereignissen der Umwelt beeinflusst werden, aber die Art und Weise dieser Beeinflussung wird von ihm selbst (durch seine funktionale Organisation) festgelegt. Zugleich ist das Gehirn ein semantisch selbstreferentielles oder ein selbstexplikatives System: Es weist seinen eigenen Zuständen Bedeutung zu, die nur aus ihm selbst genommen sind. So kann es nur nach inneren Kriterien entscheiden, ob die Erregungszustände, die es in sich erfährt, Ereignisse der äußeren Welt, des Körpers oder des psychischen-geistigen Bereichs sind und welche speziellen Bedeutungen diese Ereignisse haben.» (Gerhard Roth, 1987)

Folgt man strikt diesem Gedanken, dann kann es niemals eine direkte Beeinflussung im Denken eines Menschen durch einen anderen Menschen geben. Alles geschieht aus ihm selbst heraus, und zwar zum Zweck der Anpassung (also des Überlebens in seiner Umwelt). Wenn Sie beispielsweise sagen: *Das Seminar hat mir tolle Erkenntnisse beschert, ich betrachte Dinge jetzt anders,* dann ist das eine Eigenleistung. Nur aus einer distanzierten Perspektive existiert ein Außen (zum Beispiel die Trainerin) und ein Innen. Die Verarbeitung externer Reize (um es ganz neutral zu formulieren) dient schließlich dem Selbsterhalt und kann nur aus dem kognitiven System heraus geschehen. Geschehnisse beeinflussen uns, determinieren aber nicht unsere Reaktion.

Was also tun, wenn all die Mindset-Ansätze ins Leere laufen (müssen)? Zunächst gilt es zu klären, welches Problem mit dem Wunsch nach Änderung des Mindset eigentlich adressiert werden soll. Bilden Sie danach gute Hypothesen, wie eine Problemlösung zu erreichen sein kann, und verabreden Sie gemeinsames Handeln. Wir brauchen keine Trainings für «neues Denken» der Mitarbeitenden. Vor allem dann nicht, wenn der Kontext sich nicht ändert. Trainings adressieren zudem die einzelnen Menschen. Wir brauchen vielmehr Reflexion und Verabredung auf der organisationalen Ebene. Wir können nicht verbindlich festlegen, wie wir denken. Wie wir miteinander handeln, aber sehr wohl.

DIE ERKENNTNISSE IN KURZFORM

- Wirklichkeit ist ein Konstrukt.
- Wir erleben nicht DIE Realität, sondern unser subjektives Modell der Welt.
- Wir beobachten das Reale, indem wir Unterscheidungen treffen.
- Diese Beobachtungen miteinander zu teilen, vergrößert das Verständnis füreinander.
- Unsere Wahrnehmung hält Möglichkeiten der Täuschung bereit. Wir sollten nicht alles glauben, was wir denken.
- Wir haben keinen direkten Zugriff auf die Wirklichkeitskonstruktionen anderer Menschen.

#2 Organisation als komplexes System

Wie wird Verhalten erklärt? Das ist eine der spannenden Fragen für mich, wenn ich eine Organisation kennenlerne. Welche Ursachen werden für Phänomene benannt? Liegt der Fokus auf einzelnen Ereignissen oder wird über die Zeit beobachtet? Kurz: Wird eine Organisation als System gedacht oder nicht? Ich habe ja bereits erwähnt, dass es selbstverständlich keine Verpflichtung zu systemischem Denken gibt. Wenn es um Erklärung von Verhalten und passendes Intervenieren in Organisation geht, mache ich aber gute Erfahrungen damit.

Unser Alltag ist voller Systeme

Werfen wir zunächst einen Blick auf unseren Alltag und die große Anzahl an Systemen, mit und in denen wir agieren. Dazu stelle ich Ihnen Herrn D. vor. Er ist Mitte 50 und stellvertretender Betriebsleiter in einem mittelständischen Betrieb. Sein Tag startet üblicherweise recht entspannt, denn er gönnt sich morgens gern «quality time» zuhause. In Jogginghose bedient er zunächst die Kaffeemaschine und gönnt sich einen Pott Kaffee. *[Er benutzt ein triviales technisches System]* Herr D. geht unter die Dusche. Es dauert eine Weile, bis er die richtige Temperatur eingestellt hat. In seiner Ungeduld dreht er zu hektisch hin und her, sodass die Wassertemperatur immer wieder zwischen eiskalt und brühend heiß schwankt. *[Ein System mit Rückkopplung, Verzögerung entsteht durch die Entfernung, die das Wasser vom Keller bis zur Dusche zurücklegt]* Nach der Morgenroutine im Bad greift Herr D. zu seiner guten Arbeitskleidung, denn ein wichtiger Kunde hat sich für heute angekündigt.

Als er im Betrieb ankommt, fällt ihm auf, dass eine Produktion [*System aus Systemen*] steht, schon wieder. Die Gruppe Mitarbeitende, auf die er zusteuert, diskutiert lebhaft über die Ursache des Stillstandes. *Kollege X kommt an seiner Station nicht nach, der ist dort fehl am Platz. Wir müssen den Prozess anders gestalten, der Stau ist vorprogrammiert. Maschine Y ist zu alt, das kann nicht funktionieren.* Herr D. wird ungehalten, schließlich steht genau diese Produktion immer wieder. [*kein Einzelereignis*] Wie kann das sein? Er hat jetzt aber keine Zeit, sich selbst zu kümmern. Er mahnt die Kollegen zur Eile und geht in sein Büro.

Sein Smartphone signalisiert eine eingehende Nachricht. Der Kunde steckt im Verkehr [*komplexes System, nicht vorhersagbar*] fest und wird sich verspäten. Etwas, was Herr D. gar nicht leiden kann. So denkt er noch weiter über den Stillstand in der Produktion nach. Ihm fällt schon keine Lösung mehr ein. [*Hebelwirkung, manchmal kontraintuitiv*] Was hat er nicht schon alles probiert? Schulungen für die Mitarbeitenden, Workshops mit dem ganzen Team, Software-Updates und, und, und. Trotzdem passiert das immer wieder. Herr D. ist ratlos, frustriert und ungeduldig.

Endlich meldet sich der Empfang. Der Kunde wird in den Besprechungsraum geführt und von einem lächelnden, zuvorkommenden Herrn D. begrüßt. [*Kontext prägt Verhalten*] Doch die schlechten Nachrichten reißen nicht ab. Der Kunde eröffnet ihm, in Zukunft weniger Aufträge an dieses Unternehmen zu vergeben. Damit hat Herr D. nun wirklich nicht gerechnet. [*Überraschung*] Die Motive des Kunden werden besprochen und mögliche Alternativen zur bisherigen Zusammenarbeit. Als Herr D. den Kunden verabschiedet hat, lässt er sich in einen Sessel fallen: *Irgendwas ist immer, und es ist noch nicht mal Mittag.*

Herr D. agiert, wie wir alle, mit und in diversen Systemen. Wie aber erklärt er sich den Stillstand in der Produktion, den Strategiewechsel seines Kunden, sein eigenes Verhalten? Wenn also unser Alltag geprägt ist durch eine große Anzahl von Systemen, dann ergibt das Aufsetzen einer «systemischen Brille» sicherlich Sinn. Dazu machen wir einen Abstecher in Systemtheorien und komplexe Systeme.

System oder Sammlung?

Es existiert keine eindeutige Definition eines komplexen Systems und auch nicht *die* Systemtheorie. In Biologie, Physik, Soziologie und anderen wissenschaftlichen Feldern sind Systemtheorien formuliert worden. Sie beziehen sich aufeinander, teilen bestimmte Aspekte und grenzen sich ab. Viele der bekannten Systemtheoretiker wie Bateson, Maturana, Luhmann oder Habermas, auf deren Arbeiten ich mich in diesem Buch beziehe, haben zu ihren Lebzeiten intensive Diskussionen geführt und um Deutungshoheit gerungen.

Da ich keine Anhängerin nur einer dieser Ausprägungen bin, biete ich Ihnen hier eine Arbeitsdefinition, die sich für mich in der Arbeit mit Organisationen bewährt hat.

Klären wir zunächst, warum eine Organisation überhaupt als System betrachtet werden kann. Was unterscheidet sie von einem Werkzeugkasten? In einem Werkzeugkasten stehen die Elemente wie Hammer oder Schraubenschlüssel in keinerlei Wechselwirkung zueinander. Sie sind nicht organisiert, es existiert keine funktionale Struktur und kein übergeordneter Zweck. Ob Sie die Wasserwaage herausnehmen, ist dem Hammer und dem Kasten egal. Ein Werkzeugkasten ist eine Sammlung. In einem System ist es nicht egal, ob Sie ein Teilsystem oder ein Element entfernen. Denken Sie beispielsweise an Ihr Auto. Es sind die Wechselwirkungen der Elemente, die für den Zweck «von A nach B kommen» sorgen. Nur der Motor allein leistet das nicht. Das Auto ist mehr als die Summe seiner Elemente. Gleichzeitig ist es aber eine triviale Maschine, denn das Verhalten ist deterministisch: Fuß auf das Gaspedal, Auto fährt schneller. Fuß auf die Bremse, Auto wird langsamer. Derselbe Input sorgt für den identischen Output. Das gilt ebenso für Produktionsmaschinen, Kaffeeautomaten oder Toaster. Alles Systeme, alle vorhersagbar. Setzen wir nun gedanklich einen Fahrer oder eine Fahrerin in das Auto und schicken es los in den Verkehr, haben wir eine komplexe Situation. Viele Beteiligte, die auf das Gaspedal treten oder abbiegen, dazu eine Katze auf der Straße und starker Wind. Dann ist die Anzahl der Wechselwirkungen groß und es entsteht Dynamik. Es ist grundsätzlich wichtig zu klären, welchen Ausschnitt wir gerade betrachten.

Organisationen sind nicht-trivial. Ihr Verhalten ist aufgrund der Wechselwirkung ihrer vielen Elemente nicht vorhersagbar und sorgt für Überraschungen. Auch Organisationen sind mehr als ihre Einzelteile. Sie sind komplexe Systeme und bringen als solche einige Eigenschaften mit, derer wir uns bewusst sein dürfen, um die Dynamiken in ihnen gut beobachten zu können und passend zu intervenieren.

Wesentliche Eigenschaften komplexer Systeme

Anpassungsfähig: Systeme agieren mit ihrer Umwelt und sind energetisch offen, das heißt, sie tauschen sich über Informations-, Material- und Energieflüsse aus. Sie sind in der Lage zu reagieren. Eine Organisation kann neue Produkte oder Dienstleistungen kreieren, Probleme anders lösen oder ihre eigene Struktur verändern. Jedes System reagiert auf Input mit einem Output. Das ist nicht immer leicht zu beobachten, weil wir es, gerade in Teams und Organisationen, mit vielen nicht-materiellen Aspekten zu tun haben. Wenn die sichtbaren Veränderungen in den Kundenanforderungen keinerlei sichtbare Konsequenz zeigen mögen, so kann der Output durchaus *wir machen erstmal so weiter* sein. Unternehmen agieren am Markt, ihr Ziel ist das Überleben. Jede Organisation, der das dauerhaft gelingt, ist somit dynamisch und anpassungsfähig. Viele wissen nur nicht, wie ihnen das tatsächlich möglich ist.

Hierarchisch: Der Begriff Hierarchie löst bei vielen Menschen die Assoziation mit einem Organigramm der Organisation aus. Und ja, auch die formale Hierarchie hat Einfluss auf das, was geschieht. Mal mehr, mal weniger. Komplexe Systeme sind aber per se hierarchische Systeme. In unserem menschlichen Körper beispielsweise lassen sich viele Sub-Systeme ausmachen und in weitere Teil- und Sub-Systeme zerlegen. Organ, Gewebe, Zelle, Atom und so weiter. Teilsysteme sorgen verstärkt für sich selbst und dienen gleichzeitig einem übergeordneten Zweck. Hierarchie sorgt so für Stabilität und Widerstandsfähigkeit. In Bezug auf die Koordination müssen sich nicht alle Elemente mit allen Informationen beschäftigen.

Gründen Sie eine Arbeitsgruppe, eine Elternvertretung in der KiTa oder einen Nachbarschafts-Verein, Sie können die Entstehung von Hierarchie beobachten. Sie entwickelt sich aus einer Notwendigkeit heraus, und zwar weil es den Teilsystemen zu besserer Leistung verhilft. Dafür ist sie da. Hierarchie soll «ermöglichen», nicht weniger, aber auch nicht mehr. Damit wird auch deutlich, wo der Unterschied zum Organigramm liegt. Das, was sich in Organisationen tagtäglich beobachten lässt, ist «unsachgemäßer Umgang mit Hierarchie». Wenn eine Umorganisation mit dem Aufschreiben eines Organigramms gleichgesetzt wird, ändert sich nicht viel. Oder wir glauben, dass ein Organigramm tatsächlich erläutert, wer in der Organisation Macht hat und wie Entscheidungen getroffen werden. Dann blenden wir den informellen Teil der Organisation aus.

Selbstorganisiert, ohne zentrale Steuerung: Die Wechselwirkungen zwischen den Elementen und Teilsystemen lässt Ordnung entstehen und erhält sie. Damit sind Systeme in der Lage Störungen von außen abzufedern und ihren Zweck zu bewahren. Ameisenkolonien leisten das auf beeindruckende Art und Weise. Die zahlreichen Arbeiterinnen einer Ameisengesellschaft erledigen diverse Aufgaben. Sie bauen das Nest, entsorgen den Müll oder gehen auf Nahrungssuche. Die Aufgabe ist für jede Ameise festgelegt. Wann immer sich Ameisen begegnen, «erschnuppern» sie gegenseitig, welche Aufgabe sie erledigen. Und sie merken sich, wem sie schon begegnet sind. Sollte nun durch einen Ameisenbären oder eine Überschwemmung ein großer Teil der Ameisen getötet werden, würde die Kolonie verhungern, weil nicht mehr ausreichend Futter gesammelt wird. In einem solchen Fall organisiert sich das System um. Denn ab einem Schwellenwert wechselt die einzelne Arbeiterin ihre Aufgabe und geht auf Futtersuche. Das tun so viele Arbeiterinnen so lange, bis wieder ausreichend Sammlerinnen unterwegs sind. Das ist Emergenz (⇒ **Glossar**).

Selbstorganisation ist ein Modebegriff und in Organisationen meist synonym für Selbstverwaltung verwendet. Mir ist allerdings noch kein Unternehmen begegnet, dass im wahrsten Sinne des Wortes selbstorganisiert Arbeit organisiert oder diese Eigenschaft tatsächlich zulässt.

Vergangenheitsorientiert und robust: Muster und Routinen, die sich bewährt haben, werden wiederholt. Das ist ein Aspekt, der für Robustheit sorgt. Komplexe Systeme wollen so bleiben wie sie sind, können also als konservativ bezeichnet werden. Das ist der Grund dafür, dass Moden wie Agilität nicht mal eben übernommen werden. Eine Organisation, die eine gewisse Zeit existiert, hat das ohne diese Mode geschafft. Das Neue gehört nicht zum Etablierten, weshalb es Relevanz und Energie bedarf, um die gewohnten Routinen zu verändern (⇒ **#4 Veränderung braucht Energie**). Es reicht nicht aus, dass eventuell einige Menschen eine Veränderung wollen.

Reagieren zeitverzögert: Haben Sie schon einmal erlebt, dass eine grundlegende Veränderung verkündet und am nächsten Morgen «vollzogen» war? Nein? Ich auch nicht. In unserer linearen Denkweise gehen wir davon aus, dass Ursache und Wirkung nah beieinander liegen. Das tun sie aber nicht immer, vor allem in Bezug auf Zeit. Die Ameisen brauchen eine Zeit, um die Schwelle von «zu wenig Sammlerinnen» wahrzunehmen und sich umzustellen. Ein Event, welches das Wir-Gefühl im Team stärken soll, hat eventuell eine Wirkung, sichtbar wird die sicher nicht am selben Tag.

Daraus ergeben sich zwei Implikationen. Erstens brauchen wir Geduld, um die Effekte unserer Maßnahmen zu sehen. Zweitens sollten wir Systeme über die Zeit beobachten, statt Schnappschüsse im Moment zu betrachten. Das erhöht die Wahrscheinlichkeit, unsere Organisation besser zu verstehen.

Nicht kompliziert: Eine Organisation ist wie eine Maschine, dieses Bild hält sich bis heute in den Köpfen vieler Menschen. Damit einher geht die Idee, dass eine Organisation eine triviale Maschine sei, der selbe Input also immer den selben Output erzeugt. Das ist mitnichten der Fall, weshalb mir die Unterscheidung von komplizierten und komplexen Systemen sehr wichtig ist. Technische Systeme sind ein gutes Beispiel für Kompliziertes: Computer, Software, Produktionsstraßen oder Autos. Ihre jeweiligen Zustände sind vorhersehbar, wenn wir ihre Elemente und ihre Struktur betrachten. Die Beziehung zwischen den Elementen ist linear, sie besitzen keine Eigendynamik und verändern sich ohne Eingriff von außen nicht. Gleichzeitig ist es möglich, dass wir auch ein kompliziertes System nicht auf die Schnelle begreifen. Dann helfen Zeit und Expertise. System verstanden, Kontrolle möglich.

Komplexe Systeme sind anpassungsfähig und robust, komplizierte empfindlich. Ein kleiner Fehler in einer Software kann das System lahmlegen. Komplexe Systeme dagegen sind viel besser darin, Fehler auszugleichen.

Sie können sich verändern, Regeln anpassen, neue Muster etablieren. Sie sind lebendig und aus diesem Grund generell fehlerfreundlich. Ein Umgehen der offiziellen Prozesse beispielsweise, also eine kreative Problemlösung auf dem «kurzen Dienstweg», findet sich fortlaufend.

komplex		kompliziert
Nicht-linear		Linear
Nicht im Detail vorhersagbar		Vorhersagbar
Fehlerfreundlich		Fehleranfällig
Selbstorganisiert		Kontrollierbar
Ungeordnet		Geordnet

Selbstreferenziell: Komplexe Systeme sind energetisch offen und gleichzeitig operational geschlossen. Durch die Eigenschaft, sich auf sich selbst beziehen zu können, wird die Abgrenzung von System und Umwelt wichtiger. Von der Umwelt können Einflüsse in das System kommen, die verarbeitet werden. Das Wie dieser Verarbeitung und damit auch der Output sind nicht vorab bestimmbar. Unterstellen wir, dass Unternehmen für ihre Kunden «da draußen» Probleme lösen, dann müssen sie entscheiden, welche. Die Anzahl der möglichen Probleme ist zu groß. Die Organisation selektiert und verarbeitet so autonom die Umwelteinflüsse. Nichts und niemand kann in die Organisation durchgreifen, es ist immer ihre interne Verarbeitung. So reduziert jede Organisation Komplexität. Sie beobachtet sich selbst und zieht dabei eine Grenze zur Umwelt. Daten, die aus der Umwelt kommen, werden mit Selbstbezug prozessiert. Um es greifbar zu machen, werfen wir einen recht oberflächlichen Blick auf den früheren Marktführer Nokia. Einst *der* Hersteller von Handys, waren sicher auch dort Daten über den zunehmenden Bedarf an Smartphones und sich verändernde Kundenbedürfnisse vorhanden. Sie führten jedoch nicht zu einer zeitlich passenden Strategieanpassung. Das Resultat ist Geschichte.

Geregelt, nicht gesteuert: Die Idee, eine Organisation, ein Projekt oder ein Team zentral steuern zu können, widerspricht dem systemtheoretischen Denken. Sie hätten eine Eingangsgröße, die eine bestimmte Ausgangsgröße erzeugt, zuverlässig und stabil. Komplexe Systeme sind in diesem Sinne nicht steuerbar. Gleichzeitig nehmen wir Einfluss, und die Systeme sind in der Lage, sich selbst zu regulieren. Es ist Regelung, die Systemverhalten beeinflusst. Unterscheiden wir zunächst klar zwischen Steuerung und Regelung, und zwar am Beispiel Autofahren.

Steuerung: Die Steuerungsgröße sei die Geschwindigkeit des Fahrzeuges, bestimmt durch die Position des Gaspedals. Sie steigen ein, Motor an, Gaspedal gedrückt und Sie schauen auf die Straße. Der Sollwert ist in unserem Fall die Höchstgeschwindigkeit, der Istwert entsprechend die tatsächliche Geschwindigkeit. Nun kann es sein, dass eine abschüssige Straße die Geschwindigkeit erhöht. Da es aber keinen Soll-Ist-Abgleich während der Fahrt gibt, wird das nicht berücksichtigt.

Regelung: Vermutlich fahren Sie so nicht, sondern schauen regelmäßig auf den Tacho oder überlassen die Regelung Ihrem Tempomat. Sind Sie zu schnell, gehen Sie vermutlich vom Gas. Soll- und Ist-Wert sind verknüpft. Es braucht diesen Abgleich und einen Regler (Sie).

In komplexen Systemen sind es genau solche Rückkopplungsschleifen (feedback loops, bitte nicht mit dem plumpen Austausch von Meinungen gleichsetzen), die Dynamiken erzeugen. In meiner Arbeit ist die Betrachtung von Rückkopplungsschleifen genauso elementar wie beispielsweise die Unterscheidung von kompliziert und komplex. Nach ihnen Ausschau zu halten, hilft, bessere Erklärungen für Phänomene und Verhalten zu finden. Sie bewusst zu etablieren, macht Veränderung wahrscheinlicher. Und es ist nicht schwer, denn es existieren nur zwei grundlegende Rückkopplungsmechanismen. Für deren Erläuterung wechseln wir von der Auto- auf die Ameisenstraße und skizzieren ein einfaches Modell der Futtersuche. Wohlwissend, dass Ameise nicht gleich Ameise ist, differenziere ich hier nicht nach Art. Die Ameise dient uns hier lediglich als Beispiel.

Die Sammlerinnen verlassen den Ameisenbau und machen sich auf die Suche nach Futter. Sie strömen in verschiedene Richtungen, laufen wild durcheinander. Zunächst ist keinerlei Systematik erkennbar. Zu einem Futterplatz kann es verschiedene Wege geben und die werden entsprechend genutzt. Nach einer Weile jedoch konzentrieren sich die Sammlerinnen auf den kürzesten Weg vom Bau zum Futter. Das ist eine gute Strategie, wirft jedoch die Frage auf, wie sie das machen. Sie hinterlassen Pheromone auf ihrem Weg. Das machen alle Ameisen. Da der Stoff flüchtig ist, riecht es auf den kürzesten Strecken, die am schnellsten erreichbar sind, am stärksten. So werden über die Zeit alle Ameisen auf den kurzen Weg zum Futter gelockt. Je mehr Ameisen, desto mehr Duftmarken auf dem

Weg. Je mehr Duftmarken auf dem Weg, desto mehr Ameisen. Das ist eine Schleife mit ausnahmslos positivem Feedback und hat somit einen sich verstärkenden Effekt.

Eine positive Rückkopplungsschleife wirkt eskalierend. Die Anzahl der Ameisen und Duftmarken steigen weiter und weiter. Im Modell ist das so, die Natur ist deutlich schlauer. Es existiert kein unendliches Wachstum. Es gibt immer auch eine Dynamik, die balancierend wirkt. Um einen Stau am Futterplatz zu vermeiden, setzen die Ameisen weniger Duftmarken, sobald es «voll wird». Damit ist dieser Weg nicht mehr der einzig attraktive und hält andere Ameisen von diesem Weg ab. Genau dieses negative Feedback sorgt für Balance am Futterplatz.

Ist die Staugefahr gebannt und die Anzahl Ameisen auf der Kurzstrecke wieder im gemäßigten Bereich, setzen die Tiere wieder mehr Duftmarken und verstärken die Frequenz erneut. So lassen sich Wellenbewegungen beobachten. Mal mehr, dann wieder weniger, dann wieder mehr Ameisen. Das System reguliert sich selbst. Es ist effizient, weil es den kürzesten Weg zum Futter findet und balanciert sich aus, um einen Stau zu verhindern. Das nenne ich komplexitätsgerecht.

Ameisen finden den kürzesten Weg und vermeiden dabei Stau

Es gibt kein komplexes System ohne Rückkopplungsschleifen, die entweder eskalierend oder balancierend wirken. Wenn Sie sie finden, verstehen Sie eher, wie ein System tickt und wo Sie eingreifen können.

Werden von Beobachtenden beobachtet: Welchen Unterschied macht es, ob Sie selbst oder Ihr Kollege das laufende Projekt beobachtet? Was könnte anders sein, wenn Ihre Organisation den Markt beobachtet oder ein Investor? Die Sichtweisen dürften sich deutlich unterscheiden. Diesen Unterschied macht der Beobachtende, nicht das System. Als Beobachtender (egal ob Person oder Organisation) treffen wir die Unterscheidung, welches System wir in den Blick nehmen, wo wir eine Grenze sehen, welche Aspekte wir selektieren, was wir ausblenden und welche Rückschlüsse wir ziehen.

«Unterscheiden und Benennen» als Operation des Beobachtens, so hat es Gregory Bateson formuliert. Wenn wir als Personen(gruppe) eine Organisation beeinflussen wollen, müssen wir unsere Beobachterposition im Blick haben. Wie konstruieren wir unsere Realität? Es gibt keine objektiven Systeme, die wir in Ruhe und vollständig erfassen können. Es gibt Konstruktionen.

DIE ERKENNTNISSE IN KURZFORM

- Organisationen sind komplexe Systeme.
- Das ist ihr Zustand, nicht das Problem.
- Wichtige Eigenschaften wie hierarchisch, selbstorganisiert, nicht-trivial oder selbstreferenziell zu begreifen, hilft beim Verstehen von Organisationsdynamiken.
- Rückkopplungsschleifen führen zu Dynamiken «immer mehr von» oder «balancierend». Damit haben wir einen wichtigen Mechanismus für Interventionen.

#3 Kommunikation erzeugt Kommunikation

Erinnern Sie sich bitte einmal an die letzte Konferenz, an der Sie teilgenommen haben. Können Sie die Kommunikation dort beschreiben? Damit meine ich nicht die Nacherzählung einzelner Gespräche, sondern die übergeordneten Geschichten. Was wurde wie besprochen? Welche Grundannahmen schwangen wie selbstverständlich mit? Welche Themen kamen nicht in die Kommunikation? Welche gemeinsame Wirklichkeit wurde konstruiert?

Antworten auf diese Fragen zu geben, ist gar nicht leicht, denn üblicherweise denken wir bei Kommunikation an Gespräche zwischen zwei oder mehreren Menschen. Eventuell ist Ihnen noch in Erinnerung, dass einige eher abseits blieben und unbeteiligt wirkten. Dann die Zwischenfragen eines Teilnehmers, der damit doch eher störte. Der Moderator hatte augenscheinlich keine große Lust, las er müde vor, was auf seinen Karten stand. So in etwa lauten die Antworten, wenn Menschen nach der Kommunikation in einem sozialen System gefragt werden. Und damit sind wir mittendrin – im Dilemma des alltäglichen Kommunikationsverständnisses. Aber der Reihe nach.

Wir haben mal wieder ein typisches Sender-Empfänger-Problem. Dieses Zitat beschreibt, mit welcher Idee von Kommunikation viele von uns sozialisiert sind. Dieses Modell aus den 1940er-Jahren von Claude E. Shannon und Warren Weaver ist mir zum ersten Mal während meines Informatik-Studiums begegnet. Shannon und Weaver arbeiteten für eine Telefongesellschaft und wollten die Störanfälligkeit und das Hintergrundrauschen bei der Signalübertragung für das Medium Telefon reduzieren. Sie formulierten dabei eine Informationstheorie und hatten (soweit überliefert) keinerlei Absicht, menschliche Kommunikation zu modulieren. Nichtsdestotrotz hält sich die Idee, dass interhumaner Austausch so ablaufe.

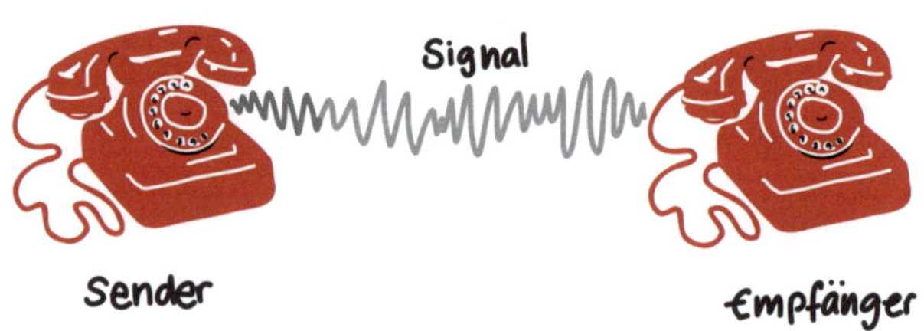

Die tradierte Idee von menschlicher Kommunikation als Sender und Empfänger ist obsolet

Diese triviale Beschreibung findet sich leider heute immer noch. Der Sender codiert seine Ansichten, Gefühle oder auch Sachinformationen in Sprache, Körpersignale, Schrift und transportiert sie zum Empfänger. Dieser decodiert das Signal, häufig wird auch vom «Code knacken» gesprochen, und reagiert. Der Empfänger wird jetzt zum Sender.

Die landläufigen Beispiele für Störungen haben durchaus Unterhaltungswert. Wenn beim Empfänger nicht die Botschaft ankommt, die der Sender beabsichtigt hat, liegt das mitunter an der Sprache, der Kultur, mangelndem Interesse, Sarkasmus oder Doppeldeutigkeit. Die Lösung: sehr genau kommunizieren. Auf Basis dieses Modell Hilfestellung für «gute Kommunikation» zu geben, halte ich für unpassend.

Ab den 1950er-Jahren bereits wurde diese lineare Sicht auf Kommunikation revolutioniert. Der Anthropologe Gregory Bateson begann damals Kommunikation mit dem jeweiligen sozialen Kontext zu betrachten. Danach ist sie eben nicht Signalübertragung, sondern die Konstruktion von Informationen und Wirklichkeit. Nachdem Bateson während des Zweiten Weltkrieges für den Vorläufer der CIA an psychologischer Kriegsführung arbeitete und mit Falschmeldungen für Misstrauen unter den Feinden sorgte, wandte sich Bateson verstärkt der Kybernetik zu. In seinem Buch «Ökologie des Geistes» (Bateson, 1981) beschreibt er unter anderem, zwei für ihn maßgebliche Aspekte des Paradigmenwechsels durch die kybernetische Denkweise:

- vom deterministischen zum systemischen Denken,
- vom hierarchischen zum Denken in Mustern und Selbstorganisation.

Bateson befasste sich intensiv mit psychischen Krankheiten in westlichen Gesellschaften. Statt sich nur auf den Patienten oder die Patientin zu fokussieren, plädierte er dafür, deren jeweiliges System, dessen Regeln und den Kontext zu betrachten. Damit wurden Zusammenhänge sichtbar und größeres Verständnis (auch für abweichendes Verhalten einzelner Menschen) möglich. Es war dann vor allem der Psychotherapeut und Philosoph Paul Watzlawick, der das Verständnis von Kommunikation als zirkulären Prozess übernahm und populär machte. Auch er blieb auf die eins-zu-eins Kommunikation fokussiert, definierte sie aber als einen Rückkopplungsprozess, in dem nicht direkt auf das Gegenüber eingewirkt werden kann.

Der Philosoph Jürgen Habermas verweist in seiner «Theorie des kommunikativen Handelns» auch auf die notwendige Fähigkeit, erhobene Geltungsansprüche zu hinterfragen. Jede Äußerung ist demnach durch den Hörer kritisierbar. Für ihn ist der Bezug auf das Gesprochene allein auch nicht hinreichend. Habermas' vier Geltungsansprüche an eine «vernünftige Kommunikation» sind Verständlichkeit, Wahrheit, Wahrhaftigkeit und Richtigkeit (⇒ 4. Agree).

Seit mit Bateson ein eher konstruktivistisches Verständnis von Kommunikation Einzug hält, ist auch der Blick auf Störungen ein anderer. Dass Menschen aneinander vorbeireden, sich «nicht verstehen» ist die Regel, nicht die Ausnahme. Außerdem verschiebt die konstruktivistische Sichtweise den Fokus vom Sendenden auf den Empfangenden: Der bestimmt alleinig selbst, was Information ist und was er damit macht. **Von der Erwartung, verstanden zu werden, wenn wir nur «gut genug» kommunizieren, können wir uns also verabschieden.**

Es wäre schon einiges gewonnen für die Kommunikation in Organisationen, wenn die Erkenntnisse Batesons und Watzlawicks nicht bis zur Unkenntlichkeit trivialisiert werden würden. Selbst wenn noch weitere gängige Kommunikationsmodelle, wie beispielsweise das von Friedemann Schulz von Thun durchdacht und verstanden sind, bleiben sie doch alle auf eine Zweier-Kommunikation ausgerichtet. Aus diesem Grund finden sich ausnahmslos konkrete Sprechsituationen als Beispiele. Gleichzeitig liefern sie quasi eine Norm, deren Befolgung zu «erfolgreicher Kommunikation» führen soll. Im Organisationskontext existieren jedoch noch andere Sprechsituationen.

Gerade in Veränderungsvorhaben ist «Verkündung» leider immer noch die übliche Kommunikationsform: one-to-many, unidirektionale Kommunikation von einer oder einigen wenigen Personen an die vielen. Fragt man die Verantwortlichen nach dem Ziel, reihen sich flugs alle üblichen Schlagworte aneinander: *Menschen an Bord holen, abholen wo sie stehen, Betroffene zu Beteiligten machen, Awareness für den Change schaffen.* Das hat selten gut funktioniert, wird aber fleißig weiter prozessiert. Ich erlebe gerade im mittleren Management viele Führungskräfte, die in Seminaren auf Change-Rhetorik geschult werden. Da üben sie sich in Storytelling und Empfänger-orientierter Sprechweise – zentral abgestimmt und mit einheitlichem «wording». Für den Beobachtenden ein heiteres Schauspiel, für die Beteiligten schmerzhaft. Der Gedanke, dass eine gründliche Stakeholder-Analyse oder das Formulieren von Personas den Schmerz lindert, ist naiv.

Das Modell, mit dem über diese Art von Kommunikation nachgedacht wird, ist meist noch immer das von Sender und Empfänger im deterministischen Sinne. Dabei halten sich nach wie vor zwei grundlegende Denkfehler:

1. Die Nachricht muss nur ausreichend gefeilt und mundgerecht sein, dann verstehen die Menschen schon. Wenn nicht, liegt es am Widerstand der Menschen.

2. Wenn die Einzelnen «abgeholt» sind, wird das Change-Projekt ein Erfolg.

Beide Gedanken sind schnell widerlegt. Der Sinn einer Nachricht entsteht im Hirn des Empfängers. Dass dieser bei Verkündungen mit dem Ansinnen des Sendenden übereistimmt, ist pures Glück. Und Veränderung von Systemen funktioniert nicht über den Einzelnen, denn etablierte Muster und Routinen sind übersummativ (⇒ **#4 Veränderung braucht Energie**).

Für den organisationalen Diskurs, den ich in diesem Buch beschreibe, sind noch zwei ergänzende Perspektiven notwendig. Zum einen geht es um Many-to-many-Kommunikation und nicht um gelingende Zweier-Gespräche. Zum anderen bedarf es einer analytischen Perspektive. Eine Veränderung kann erfolgreich gelingen, wenn passend interveniert wird. Um die richtigen Hebel zu wählen, muss ich die Organisation erst einmal verstehen. Das wird nicht klappen über «Ich kenn doch meine Pappenheimer», denn auf der Organisationsebene helfen uns die Eigenschaften der Individuen nicht weiter, die Kommunikation muss in die Betrachtung. Darin sind die meisten Menschen nicht geübt, weshalb diese Perspektive ungewohnt sein kann. Um Ihnen den Blickwechsel zu erleichtern, biete ich Ihnen nun einige Aspekte der Kommunikationstheorie des Soziologen Niklas Luhmann an. Bitte halten Sie dabei im Hinterkopf, dass es sich um einen analytischen Ansatz auf Organisationsebene handelt und eben keine Norm für gute Gespräche darstellt.

Kommunikation als Operation sozialer Systeme

Sie und ich, liebe Leserinnen oder Leser, kommunizieren gerade. Da Sie dieses Kapitel lesen, entsteht ein soziales System. Die Entscheidung zur Kommunikation liegt bei Ihnen als dem Adressaten meiner Gedanken, durch das Schreiben allein ist noch nichts entstanden. Kommunikation etabliert das soziale System. Und solange sie fortgesetzt wird, bleibt auch das System erhalten. Das ist ein erster wichtiger Aspekt in der Kommunikationstheorie von Luhmann, die womöglich mit vertrauten Vorstellungen bricht. Für Luhmann sind Menschen, die Körper, Gehirne und Bewusstseinsprozesse lediglich Voraussetzung für Kommunikation. Auch ihm war klar, dass wir im Alltag aber doch wieder auf konkrete Handlungen schauen und Kommunikation de-komponieren. Wollen wir eine Organisation besser verstehen, sollten wir den Blick klar auf der Kommunikation selbst halten und uns nicht an einzelnen Gesprächen oder Beteiligten festfahren.

Die elementaren Aspekte des Luhmann'schen Verständnisses werde ich nachfolgend mit einem Beispiel zu illustrieren versuchen. Die elementaren Aspekte sind:

- aus Senden und Empfangen wird die Selektion von Information, Mitteilung und Verstehen.
- Kommunikation beginnt erst, wenn der Adressat versteht.
- Das Ziel von Kommunikation ist Kommunikation.

In den üblichen Modellen, die ich zu Beginn dieses Kapitels skizziert habe, existieren zwei Handelnde: Sender und Empfänger und zwei entsprechende Aktionen, Senden und Empfangen. Um vom tradierten Bild Abstand zu nehmen, verwende ich Mitteilende und Adressaten. Diese können, wie gehabt, einzelne Personen (psychische Systeme) oder auch Organisationen (soziale Systeme) sein. Der Selektionsprozess, als der Kommunikation verstanden wird, ist dreistufig: **Information, Mitteilung, Verstehen**. Die Selektion von Information und Mitteilung vollzieht der Mitteilende, das Verstehen liegt beim Adressaten.

Selektion der Information: Der Mitteilende wählt aus seiner Umwelt aus, was er oder sie für informativ hält. Dabei fällt immer auch die Entscheidung, was nicht als Information gilt. Es ist die Zuschreibung von Bedeutung durch den Mitteilenden, mit der er eine Unterscheidung trifft. Information ist eben nichts Reales, Objektives oder Gegenständliches, es ist eine Konstruktion. Ich kann mich beispielsweise gerade auf das aktuelle Wetter fokussieren. Wetter ist somit die selektierte Information.

Selektion der Mitteilung: Der Mitteilende entscheidet sich, andere Personen oder soziale Systeme teilhaben zu lassen. Er oder sie kann sich selbstverständlich auch entscheiden, nichts zu teilen. Die Unterscheidung Information und Mitteilung ist deshalb wichtig, weil nicht alles zu einem

Sachverhalt erfasst und geteilt werden kann. Jeder Mitteilende entscheidet zudem auch darüber, wie er oder sie das tut. Welchen Auszug teile ich in welcher Form mit? Das ist die Frage für den Mitteilenden. Ich rufe meiner Nachbarin im Vorbeigehen zu, wie windig und kühl es heute ist. Die Selektion ist der Wind und auch das ich das so ganz nebenbei sage.

Selektion des Verstehens: Nimmt der Adressat die Mitteilung an, versteht er oder sie, dass etwas mitgeteilt wurde. Das Was ist hier nicht in der Betrachtung. Könnte der Inhalt vom Adressaten genauso aufgenommen werden, wie der Mitteilende es meint, wären wir bei Signalübertragung. Das inhaltliche Begreifen spielt keine Rolle. In dem Moment aber ist für den Adressaten klar, dass Selektionen beim Mitteilenden stattgefunden haben. Er oder sie versteht die Differenz. Das sorgt mitunter für jede Menge Fragen. Warum sagt er genau das in dieser Form? Was hat er nicht dazu gesagt? Welche Absicht verfolgt er dabei? Meine Nachbarin versteht und fragt sich eventuell, warum ich nicht viel mehr den strahlenden Sonnenschein erwähne.

Der Adressat entscheidet aber zunächst, ob er versteht oder nicht. Er kann selbstverständlich das Verstehen einer Mitteilung ablehnen. Dann kommt keine Kommunikation zustande. Versteht er jedoch, dann genau beginnt überhaupt erst Kommunikation und die Möglichkeit, an sie anzuschließen (um die Differenz zu ergründen). **Der entscheidende Faktor ist also der Adressat. Er allein bestimmt, ob Kommunikation stattfindet und welche Bedeutung er der Mitteilung zuschreibt.** Der Prozess verläuft, im Vergleich zum Sender-Empfänger-Modell «rückwärts».

«Verstehen generiert nachträglich Kommunikation.» (Niklas Luhmann)

Kommunikation erzeugt Kommunikation erzeugt Kommunikation erzeugt Kommunikation. Sie hat genau ein Ziel: weitere Kommunikation. Sie ist ein eigenes System, und ihr Ziel ist unabhängig von dem, was wir als Individuen gern bezwecken wollen. Daher auch das häufig formulierte *Die Kommunikation hat sich verselbstständigt.* Ob der Adressat inhaltlich versteht oder nicht, ist irrelevant. Der Mitteilende kann «agil» sagen, und der Adressat versteht «schneller». Auch kann er inhaltlich anderer Meinung sein. **Kommunikation hat kein Verständigungsziel à la Konsens, sondern nur Anschluss.** Egal ob bejahend, verneinend oder im Streit. Gäbe es einen realen vollständigen Konsens, wäre Kommunikation beendet und damit auch das soziale System. Kommunikation entsteht aber durch die wahrgenommene Differenz der mitgeteilten Information und der durch die eigene Wahrnehmung konstruierte Information und ist dadurch anschlussfähig. Die individuelle Vorliebe einzelner Personen für Konsens oder Dissens bleibt außen vor.

Was aber ist genau Anschluss? Der Mitteilende selektiert Information und Mitteilung, der Adressat «nimmt an» und versteht. Damit ist eine Kommunikationseinheit abgeschlossen. Der Adressat erzeugt nun seinerseits Information und bezieht sich inhaltlich und in Bezug auf die Sinngebung auf die Mitteilung. Übereinstimmend oder auch nicht. Der Adressat wird zum Mitteilenden, die folgende Kommunikationseinheit beginnt. Kommunikation schließt an Kommunikation an. Sie wird nicht «fertig», das *letzte Wort* existiert nicht.

In einem produzierenden Unternehmen findet turnusmäßig ein Townhall Meeting statt, in dem der Standortleiter die Belegschaft informiert. Zwei Themen adressiert der Standortleiter in diesem Meeting: den hohen Krankenstand und die Notwendigkeit einer unternehmensweiten Bestandsaufnahme (Finanzen, Maschinen, Werte, Produkte). Er selektiert diese Informationen aus den unzähligen Daten, die ihm zur Verfügung stehen. Er tut das in seiner Rolle und dem Anlass entsprechend. Er selektiert die Mitteilung, indem er nur den Appell zur Bestandsaufnahme formuliert, ohne ihn mit einem Anlass oder einer Notwendigkeit zu begründen. Die Themen hätte der Standortleiter auch per E-Mail kundtun können. Er entscheidet sich für Reihenfolge und Detailgrad.

Die Zuhörerschaft selektiert das Verstehen beziehungsweise die Annahme. Zunächst einmal ist es schon Selektion, überhaupt zum Townhall Meeting zu erscheinen und zuzuhören, anstatt vielleicht nebenbei E-Mails zu bearbeiten. Das, was in der Kommunikation beobachtbar war, bezog sich auf die Bestandsaufnahme. Für die Adressaten war sofort klar: Wir werden verkauft. Denn der Standortleiter hatte versäumt, ein Sinnangebot zu machen, also wurde eines zugeschrieben. Eventuell wäre es auch genau dieses gewesen, selbst wenn er eine Erläuterung zur Sinnhaftigkeit unterjähriger Erhebungen formuliert hätte. Der oder die Adressaten entscheiden über Kommunikation!

Es gab dagegen nur wenige Randbemerkungen zum Krankenstand, die waren am Ende des Meetings verklungen. Im Weiteren war dieses Thema nicht mehr in der Kommunikation. Der oder die Adressaten entscheiden über Kommunikation oder Nicht-Kommunikation. Das eine Thema ist anschlussfähig, das andere nicht. Man kann nun auf die Idee kommen, dass der Standortleiter anders kommunizieren sollte, emotionaler oder nur je ein Thema, persönliche Betroffenheit erzeugen, oder, oder, oder.

Oder wir schauen auf Kommunikation mal genauso und erfahren, was tatsächlich in der Kommunikation unserer Organisation stattfindet. Was bewegt sie, was spricht sie an, was wird wie kommuniziert? Das bringt uns dem Verstehen der Organisation einen großen Schritt näher.

Denn welche Theorie über Kommunikation, welches Modell dem eigenen Denken zugrunde liegt, bleibt relevant. Was lässt sich mit welchem Modell gut erklären? Welche Phänomene in Organisationen können so gut analysiert werden? Worauf legen wir den Schwerpunkt? Subjekte, Störungen, Sender-Empfänger, ...

DIE ERKENNTNISSE IN KURZFORM

- Das klassische Sender-Empfänger-Modell ist unpassend, um menschliche Kommunikation zu beschreiben.
- Gregory Bateson prägt das Verstehen von Kommunikation als Konstruktion von Wirklichkeit in einem sozialen Prozess.
- Mit Paul Watzlawick wird Kommunikation als zirkulärer Prozess verstanden.
- Niklas Luhmann formuliert ein anderes Verständnis: Selektion von Information, Mitteilung und Verstehen.
- Kommunikation beginnt, wenn der Adressat versteht, dass etwas mitgeteilt wird. Inhaltliches Verstehen ist damit nicht gemeint.
- Das Ziel von Kommunikation ist fortgesetzte Kommunikation.
- Mit welchem Modell wir über Kommunikation nachdenken, entscheidet, was wir beobachten.

#4 Veränderung braucht Energie

Beginnt ein Artikel oder Vortrag mit den Worten *Veränderung erzeugt Widerstand bei den Menschen, das ist so,* schalte ich ab. Die Mär von der unbedingten Resistenz gegen Change hält sich jedoch hartnäckig. Da wird behauptet, Veränderungen produzierten Stress bei den Menschen. Und darauf gäbe es schließlich nur die Reaktionsmöglichkeiten Flucht, Angriff oder Totstellen. Die Erklärung über uralte Instinkte, denen wir uns schlicht nicht entziehen können, klingt psychologisch fundiert, und alle Beteiligten sind schnell durch mit der Analyse ihrer stockenden oder gescheiterten Maßnahmen. *Widerstand zeigt, dass es wichtig ist,* fordert dann die Führungskräfte auf, die Betroffenen zu Beteiligten zu machen und ihre Sichtweisen schildern zu lassen. Wenn sie nur empathisch, bewusst, nahbar und mit genügend Zeit an die Sache gehen, dann lassen sich auch die Mitarbeitenden konstruktiv «mitnehmen».

Ein häufig verwendetes Erklärungsmuster für die erkannte Veränderungsresistenz basiert auf der Idee, dass wir Menschen uns per se nicht gern verändern. Wir mögen, was wir kennen, selbst wenn das Gekannte als nicht besonders positiv empfunden wird – frei nach dem Motto, lieber am Schlechten festzuhalten, als sich auf Neues einzustellen. Das habe auch mit Bequemlichkeit zu tun. Und die werde wichtiger, je älter wir werden. Deshalb sei mit altersbedingtem Widerstand auf jeden Fall zu rechnen.

Egal ob alt, unerfahren, aus Sorge vor Statusverlust, Stress oder Bequemlichkeit, Veränderung verläuft, will man den Personalverantwortlichen und Beratenden Glauben schenken, kurvenförmig. Die nächste Mär. Obwohl an vielen Stellen immer wieder klargestellt wird, dass die sogenannte «Change-Kurve» gar nicht im Kontext Veränderung formuliert wurde, sondern die verschiedenen Phasen beschreibt, die Sterbende und auch Trauernde durchlaufen, bis sie den Tod akzeptieren können.

Ebenso gern wird das 3-Phasen-Modell von Kurt Lewin herangezogen: Unfreezing, Move, Refreezing. Im Kontext der 1940er-Jahre, in denen Lewin dieses Konzept entwickelte, mag es in Anbetracht geringer Marktdynamik und geringer Vernetzung noch halbwegs passend gewesen sein. In unserer komplexen und hochgradig dynamischen Welt ist allein die Metapher des Auftauens und Einfrierens unpassend.

Dann eben doch noch konkreter und mit Anleitung, denken sich wohl so manche Verantwortliche und werden nicht müde, den Leading-Change-Ansatz von John P. Kotter zu loben. Dessen acht Schritte zur erfolgreichen Veränderung lauten:

1. Gefühl der Dringlichkeit schaffen
2. Führungskoalition aufbauen
3. Vision und Strategie entwickeln
4. Veränderungsvision kommunizieren
5. Hindernisse beseitigen
6. Schnelle Erfolge schaffen
7. Weitere Veränderungen darauf aufbauen
8. Veränderungen in der Kultur verankern

Dagegen kann doch nichts einzuwenden sein, oder? Doch. Kotter hat hierbei von einer allgemeingültigen Vorgehensweise gesprochen, deren Schritte in genau der Reihenfolge abzuarbeiten seien, um Unternehmen aus ihrer Starre zu retten. Auch dieses Konzept kollidiert mit der komplexen Realität, die sich der Idee von Rezepten und linearen Abfolgen entzieht.

All diese Ansätzen unterstellen mindestens implizit, dass es Gestaltende und zu Gestaltende gibt. Wenige Wissende initiieren den Change, verfolgen damit eine Strategie und sinnvolle Ziele. Die Betroffenen hingegen müssen nur überzeugt, abgeholt, motiviert, gesichert und mitgenommen werden. Partizipation? Fehlanzeige. Zweitens steckt die Idee dahinter, dass Veränderung wie ein Projekt sei, mit einem definierten Ende. Das stimmt für manche Maßnahmen natürlich, aber dann kann man das Projekt auch Projekt nennen. Und drittens sind diese Ansätze angeblich alle universell, also kontextunabhängig. In den vielen Anleitungen für erfolgreiches Changemanagement wird nicht mitgeliefert, um welche Art von Veränderung es sich eigentlich handelt. Es macht aber einen Unterschied, ob ein neues ERP-System eingeführt wird oder ein Unternehmen seine Kundenorientierung verbessern, die Führungsebenen verflachen oder mobiles Arbeiten professionalisieren möchte.

Es ist scheinbar gleich, worum es geht. Gleichzeitig scheint jedoch festzustehen, dass Veränderung die Menschen stresst, verängstigt und beunruhigt. Es wird also immer Drama unterstellt. Mein Erleben in den Organisationen, die ich beobachten und begleiten durfte, ist ein anderes:

- Die Menschen stellen sich schnell auf neue Gegebenheiten ein und überlegen, was das für ihre Aufgaben bedeutet und wie das Veränderungsvorhaben gut umgesetzt werden kann. Trotzdem scheint der Glaubenssatz vom Widerstand der Menschen bei den Führungskräften und Verantwortlichen zementiert und wird bei jeder möglichen Gelegenheit validiert. Falsifikation bleibt eher die Ausnahme.

- Wird mit dem anstehenden Change kein echtes Problem für die Wertschöpfung gelöst, beginnen die Menschen nach der Sinnhaftigkeit zu fragen. Ein sehr intelligentes Vorgehen. Denn ansonsten stünde lediglich Beschäftigung hinter der Maßnahme, aber keine wesentliche Verbesserung und Weiterentwicklung. Genau dieses Hinterfragen wird jedoch als Widerstand etikettiert und der Glaubenssatz damit bestätigt.

Auch ich erlebe dahinsiechende Organisationsentwicklung, verwässerte Agilisierung, abgebrochene Projekte und problemverstärkende Methodeneinführung. Ursächlich handelt es sich dabei aber um strukturelle Probleme und nicht um widerständige Mitarbeitende oder falsche Mindsets. Jede wesentliche Veränderung tangiert die Struktur einer Organisation, also die Verabredung von Zusammenarbeit. Der Hebel für die Veränderung liegt demnach in der Struktur, und die ist zu bearbeiten. Arbeit am System statt an den Menschen ist angesagt. Wird versucht, ein strukturelles Problem nur über die Menschen zu lösen, sinken die Erfolgsaussichten drastisch.

Bücher, Vorträge, Kolumnen oder Blogs sind gefüllt mit der Change-Mär. Ratschläge für den richtigen Umgang damit sind dann meistens nicht weit weg und bewegen sich vor allem auf der Detailebene der Rhetorik: von «Einwände vorwegnehmen» über «Killerphrasen entschärfen» bis «Begeisterung signalisieren». Damit werden Glaubenssätze zementiert, Führungskräfte (denen die Rhetorik angedacht wird) beschäftigt und vom großen Ganzen abgelenkt. Sich mit derartigen Details wie «was antworte ich auf welche Phrase» zu befassen, ist eine bekannte Strategie, wenn wir einen passenden Umgang mit Komplexität nicht geübt haben. Details bearbeiten, die sich scheinbar beherrschen lassen, gaukelt uns Selbstwirksamkeit vor. Wir alle wenden diese Strategie von Zeit zu Zeit an, sollten uns ihrer aber bitte bewusst sein.

Um ein besseres Verständnis von der Veränderung komplexer Systeme, wie es Unternehmen sind, zu erhalten, stelle ich im Folgenden einige Grundgedanken der Synergetik (⇒ **Glossar**) und Kybernetik (⇒ **Glossar**) vor: beides Wissenschaften, die eine universelle Selbstorganisationstheorie zu beschreiben versuchen. Mit ihnen lenken wir unseren Blick auf die Struktur einer Organisation und beantworten die Fragen, was die Notwendigkeiten für Veränderung sind und wie sie «gemanagt» werden kann.

Ordnung wird nicht gemacht, sie entsteht

Unsere Umgebung ist strukturiert, so nehmen wir sie wahr. Dort, wo Sie sich in diesem Augenblick befinden, gibt es eventuell Möbel, Lampen, Bilder oder Bäume, einen See und vieles mehr. Diese Dinge sind angeordnet. Vieles davon vom Menschen erschaffen und arrangiert. Wir sehen Ordnung, und wir suchen fortlaufend danach. Unser Gehirn liebt Ordnung.

Intuitiv unterstellen wir dabei, dass es etwas «Ordnungsgebendes» gibt. In komplexen Systemen wird Ordnung jedoch nicht gegeben beziehungsweise gestaltet, sie entsteht. Betrachten wir dazu ein alltägliches Beispiel, dass Sie vermutlich kennen.

Ordnung entsteht

Spielen Sie Scrabble? Zunächst stehen Sie bei diesem Spiel einem ungeordneten Haufen buchstabenbedruckter Spielsteine gegenüber und sollen daraus Wörter bilden. Bei zehn Buchstaben ergeben sich 3.628.800 Möglichkeiten diese anzuordnen. Ordnung beginnt zu entstehen, wenn Sie einen Buchstaben herausgreifen, zum Beispiel den Konsonanten «K». Jetzt folgt voraussichtlich (kein Muss) ein Vokal, Sie nehmen sich ein «O». Die Anzahl weiterer Möglichkeiten schrumpft. Ein «M» ist möglich, «P» und «L» – sofern Sie diese Buchstaben auf Ihrem Brett haben. «KOMPL» liegt nun vor Ihnen. Es könnte kompliziert ergeben oder komplex. Im Spielverlauf entstehen immer mehr Ordnung und Sinn. Häufig gibt es einen Kristallisationspunkt, an dem «KOMPLEX» geradezu logisch scheint. Sie haben gesucht, probiert, das Ganze hat Form und Gestalt angenommen, ein Muster hat sich gebildet. Aber welches Muster genau ist nicht vorhersagbar.

Am Beispiel von Scrabble beschreibt der Wissenschaftler Hermann Haken (Haken, 1979) das grundsätzliche Streben nach Ordnung, das jedem System inhärent ist. Sein Name ist fest mit der Synergetik, der Lehre des Zusammenwirkens, verbunden. In seinen Arbeiten hat Haken sich mit Fragen beschäftigt, die uns wertvolle Impulse für Management und Veränderung liefern. Wie entsteht Struktur? Wie können wir Systeme beschreiben? Was ist Ordnung?

Auch wenn Begriffe wie Ordner, Versklavung und Kontrollparameter nicht die ersten sind, an die wir üblicherweise bei Veränderung denken, sind sie das Erklärungsvokabular der Synergetik. In dem Verständnis organisieren sich die Elemente eines Systems so, dass sich ein Ordner ergibt. Durch die Wechselbeziehung der Elemente entstehen übergeordnet makroskopische Strukturen, selbstorganisiert, ohne eine ordnungsgebende Hand. Dieser Ordner «versklavt» die Elemente und bringt das System in ein sogenanntes Fließgleichgewicht. Dann ist alles geordnet, kuschelig und klar. Ein Kind (Element) beispielsweise lernt die Sprache seiner Nation (Ordner) und trägt sie später selbst weiter. Dieser Prozess zwischen Sprache der Nation und Kind ist zirkulär. Das Kind (und davon gibt es viele) hält sich an die gelernte Sprache, wirkt jedoch gleichzeitig selbst auf sie zurück und sorgt damit für ihren Erhalt. Zudem wirken sogenannte Kontrollparameter auf das System ein. Diese Einflüsse kommen aus der Umwelt des Systems und sind nur sehr wenig beeinflussbar. Um im Bild der Sprache zu bleiben, ist das Gendern ein möglicher Kontrollparameter. Eine «Strömung«, die sowohl auf das Kind beziehungsweise den Menschen wirkt als auch auf den Ordner «Sprache der Nation».

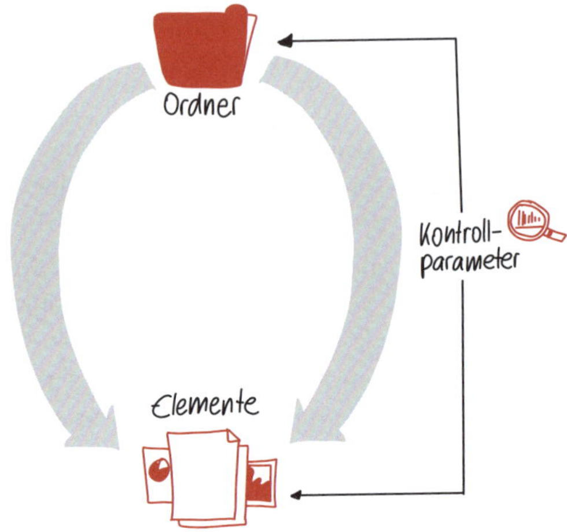

Ordner legen das Verhalten der Elemente durch »Versklavung» fest

Ein weiteres Beispiel für Ordnungsbildung, dass Sie vermutlich bestens kennen, sind Kippbilder. Unser Gehirn sucht Muster und Stabilität und findet das auch (kurz) als Gesicht beziehungsweise Saxophon-Spieler in der Abbildung. Der Kontrollparameter ist Aufmerksamkeit. Betrachten wir das Kippbild eine Weile, dann erleben wir ein Hin und Her zwischen den beiden Bildern, also zwischen zwei stabilen Zuständen. Der Ordner ist in diesem Fall die spezifische Interpretation, also Gesicht oder Saxophon-Spieler

Wir Führungskräfte sind die Ordner in unserem System und sorgen für Ordnung ist das Missverständnis, wenn die Begriffe der Synergetik auf die Organisationswelt treffen. Damit möchte ich hier aufräumen. Einem zirkulären Prozess, in dem durch das Zusammenwirken die Ordner erst entstehen, ist ziemlich gleich, auf wessen Visitenkarte Chief oder Führungskraft steht. Das bedeutet, sie können intervenieren, beeinflussen und stören. Ordner sind sie nur, wenn die anderen sie als solche betrachten und ihnen folgen (Versklavung). Es ist und bleibt jedoch ein zirkulärer Prozess.

Die Aufgabe von Führung in Veränderung

In anpassungsfähigen Organisationen sind Instabilität, Musterwechsel und Selbstorganisation verstanden. Folgt man den Grundgedanken der Synergetik, dann ist die Aufgabe von Führung einen Rahmen zu schaffen, in dem Change mit all seinen instabilen Phasen und schmerzhaften Übergängen gut möglich ist. Acht Prinzipien sind dabei zu berücksichtigen, die Herman Haken und Günter Schiepek (Haken, 2010) formuliert haben. Diese sind generisch zu verstehen, also als Bedingungen, um selbstorganisierte Prozesse der Veränderung möglich zu machen:

1. **Stabilität schaffen**
Veränderung benötigt immer auch einen «Kontext von Stabilität», also Bedingungen, die das Aushalten der Veränderung und der Instabilität erleichtern. Die Gewissheit, mit der eigenen Partizipation gehört zu werden oder auch das Vertrauen in die Ernsthaftigkeit der Maßnahme sind Beispiele. Für den organisationalen Diskurs finden sich im Kapitel ⇒ **Das Setting** einige Aspekte, die für die notwendige Stabilität unabdingbar sind.

2. **Muster erkennen**
Was tun die Menschen wie in der Organisation? Was ist der formulierte Zweck, und wie deckungsgleich ist er mit dem tatsächlichen Handeln? Was sind die wirkenden Ordnungsparameter in der Organisation? Die tatsächlichen Muster und Routinen zu reflektieren, ist immer Ausgangspunkt für die jeweilige Veränderung.

3. **Sinnbezug herstellen**
Je mehr die angestrebte Veränderung und auch der Weg dorthin (sofern vorgegeben) als sinnvoll angesehen werden, desto höher die Wahrscheinlichkeit des Erfolges. Hier wird noch einmal deutlich, welche Rolle Partizipation und damit organisationaler Diskurs in Change-Vorhaben spielen.

4. **Energetisierung ermöglichen**
Welche Kontrollparameter haben großen Einfluss auf die Organisation und sorgen für Energetisierung? Das kann die Partizipation sein, die Begeisterung der Kunden oder die aktuelle wirtschaftliche Lage. Die Frage ist: Was kann das System bewegen?

5. **Destabilisierung fördern**
Ohne Instabilität keine grundlegende Veränderung. Es ist notwendig, ein System zu stören, um Veränderung zu initiieren. Wie das im praktischen Diskurs angeregt werden kann, erläutere ich in Kapitel ⇒ **2. Irritate**.

6. **«Kairos» beachten**
Wollen wir komplexe Systeme beeinflussen und zur Veränderung anregen, dann hilft das Festhalten an Tools, Methoden und Zeitplänen nicht. Wir müssen uns auf das System einlassen und es zu verstehen versuchen. Finden wir heraus, was resonanzfähig ist und bleiben geduldige Beobachter, kann es leichter gelingen.

7. **Symmetrie brechen**
Systeme, die vor einem Ordnungsmusterwechsel stehen, sind nicht berechenbar. Kleinste Impulse können große Wirkungen erzeugen. Wenn also viele Möglichkeiten gegeben und ähnlich wahrscheinlich sind, kann auch der Rückfall in «Bekanntes» eine Option sein. Empathisch und mit Bedacht das System zur «Neuordnung» anregen, ist hier das Gebot der Stunde.

8. **Re-stabilisieren**
Neue Ordnungsmuster brauchen Verabredung und Zeit, um sich zu etablieren. Diese Phase ist zentral, denn die alten Routinen und Muster sind nicht wirkungslos. Eine verbindliche, von möglichst vielen getragene und sinnvolle Verabredung ist notwendig.

Nehmen wir die Sichtweise der Synergetik mit in unsere Überlegungen zur Veränderung in Organisationen, dann bleibt zunächst die Frage, wie wir Systeme beschreiben können und auf welcher Ebene die größte Hebelkraft sitzt.

Wir können Systeme auf der Ebene ihrer Elemente zu begreifen versuchen, also über das Verhalten der Menschen in einem Change-Prozess beispielsweise. Auf dieser Mikro-Ebene lernen wir jedoch nichts über Ordnung und Muster. Wir lernen eventuell etwas über die Persönlichkeiten, deren individuelle Motive, Sorgen und Wünsche, aber das große Ganze entgeht uns dabei. Denn Elemente (das gilt auch für Menschen) verhalten sich als ein System anders, Systemverhalten ist überindividuell. Die zweite Möglichkeit der Beschreibung ist die Ordnungsebene. Statt das Verhalten vieler Elemente beobachten und analysieren wir den oder die Ordner. Dabei wird es jetzt zirkulär, denn ein Ordner versklavt die Elemente. Gleichzeitig entsteht ein Ordner erst durch das Zusammenwirken der Elemente. Der Hebel liegt demnach auf der Strukturebene, denn hier findet das fortlaufende Aushandeln der Zusammenarbeit statt.

Einer meiner Kunden hat sich vor einigen Jahren entschieden, seine formale Struktur zu dezentralisieren und autonome Teams zu etablieren. Dieser Prozess sorgte für ordentlich Instabilität und das Ausprägen neuer, überraschender Ordnungsmuster. Eines davon ist das vehemente Weglassen bestimmter Begriffe. Mit dem Argument «Wir haben keine formalen Positionen mehr» ist der Begriff Position verbannt worden. Völlig unabhängig vom jeweiligen Kontext wird ermahnt, wenn jemand «Position» verwendet. Das ist zunächst einmal nicht weiter bemerkenswert, wenn es nicht eine ganze Reihe solcher Begriffe gäbe, die «man nicht mehr sagen darf». Aus meiner Sicht ist das genau ein plakatives Beispiel, wie Ordnung entsteht, ohne Anordnung oder explizite Verabredung.

Wir benötigen Vertrauen in die Fähigkeit zur Musterbildung, statt vermeintlicher Kontrolle der Muster selbst. Gleichzeitig sollen in einem Veränderungsprozess die Ergebnisse im Rahmen bleiben, weshalb eine fortlaufende Bewertung und das Intervenieren im Sinne des negativen Feedbacks (⇒ **#2 Organisation als komplexes System**) notwendig bleibt. So entstehen Inseln der Stabilität auch im Übergang, weil eingeschränkt, begrenzt und aussortiert wird. Grundsätzlich aber braucht es Energie und Instabilität, damit Veränderung überhaupt stattfindet. Es braucht Anregung und Störung. Ohne Motivation kein Scrabble. Ohne Energie kein Change.

Wir nehmen an dieser Stelle noch einen weiteren Aspekt mit in unsere Betrachtung. Durch den Austausch mit der jeweiligen Systemumwelt werden die entsprechenden Muster angeregt. Jedes Team ist schließlich von der übergeordneten Organisation beeinflusst, und umgekehrt. Jedes Unternehmen wird von seinen Kunden, dem Markt beeinflusst. Gleichzeitig hat jedes System das Bestreben, in seinem Fließgleichgewicht zu bleiben. Ist die Energie nicht hoch genug, dann verpuffen die agilen Maßnahmen oder der Ruf nach mehr Kundenorientierung nach einem kurzen Aufbruch wieder, und nichts hat sich wirklich verändert. Die Energie kann direkt von außen kommen oder im Innen entstehen, aber sie muss hoch genug sein, um Instabilität zu erzeugen. Veränderung ist Phasenübergang, Musterwechsel von einem zum anderen. Ebenso wie beim Übergang vom Gehen zum Joggen. Wir müssen eine gewisse Energie aufbringen, um diesen Musterwechsel zu meistern.

Phasen der Instabilität zeigen Wirkung, auch das ist Teil der Geschichte. Zum einen sinken üblicherweise Produktivität und Handlungsfähigkeit des Systems während der Suche nach neuen Mustern. Zum anderen ist in der Phase mehr unklar als klar, und diese Unsicherheiten muss eine Organisation aushalten. Das Management ebenso wie die Mitarbeitenden. Niemand ist davon mehr oder weniger betroffen. Ein System verändert sich und das betrifft immer alle. Es sind, nach meinem Erleben, sogar mehr die Führungskräfte, Geschäftsführenden und Change-Verantwortlichen, die hoffen, sie können Übergänge geräuschlos und stabil ablaufen lassen.

Ein wesentlicher Schritt hin zu mehr gelingenden Change-Vorhaben liegt also in der kollektiven Kompetenz, mit Instabilität umzugehen und diese Phasen gemeinsam zu gestalten. Die Veränderung, nur nochmal zur Erinnerung, geschieht auf der Musterebene und ist strukturell. Die «Elemente» verändern zu wollen, führt nicht zum gewünschten Ergebnis. Im Gegenteil, die einzelnen Gehirne der Menschen können das Beharren auf etablierte Muster leichter durchbrechen als soziale Systeme das zu leisten vermögen.

Steuern oder Regeln – revisited

Unternehmenssteuerung, Projektsteuerung, Organisationssteuerung, Teamsteuerung, Changemanagement, Mitarbeitersteuerung, ... die Liste lässt sich noch beliebig verlängern. Der Begriff der Steuerung geistert in vielen Gestalten durch die Flure unserer Organisationen.

Wie so häufig ist es ein technischer Begriff, den wir mehr und auch weniger reflektiert im Arbeitskontext nutzen. Aber Steuerung ist beliebt – im Vergleich zum Begriff Regelung, den nur sehr wenige Menschen im Kontext Management, Führung oder Veränderung nutzen. Dabei macht Regelung, beim Umgang mit komplexen Systemen viel mehr Sinn. Doch grenzen wir zunächst die Steuerung und Regelung voneinander ab.

Ein gesteuertes System ist beispielsweise die Zeitschaltuhr, die während

Ihres Urlaubes jeden Abend um 18 Uhr die Lampen im Haus einschaltet. Der Zweck dieses Systems ist das Erhellen, die Ursache-Wirkungs-Relation linear. Die Uhrzeit wird gemessen und sobald der Soll-Wert von 18 Uhr erreicht ist, werden die Schalter der Lampen ausgelöst. Das war's. Es gibt keine Abweichungen, Veränderungen oder Rückkopplungen. Sollen die Lampen im Frühjahr erst später angehen, weil es länger hell bleibt, müssen Sie die Uhrzeit entsprechend neu einstellen.

In einem geregelten System hingegen existiert ein regulierender Mechanismus, der Soll-Ist-Abgleiche durchführt und «eingreifen» kann. Sie stellen beispielsweise die Heizung in Ihrem Arbeitszimmer auf 19 Grad ein. Das Thermostat misst die aktuelle Raumtemperatur. Lassen Sie das Fenster eine Weile auf, ergibt sich eine Abweichung Ist- zu Soll-Wert, die Heizung gleicht aus. Der regulierende Mechanismus ist Ihnen geläufig, es ist negatives Feedback. Übertragen wir diese Gedanken auf Organisationen, sind zwei wesentliche Fragen auf einen Schlag beantwortet:

- Lassen sich Organisationen, Teams, Abteilungen, also soziale Systeme steuern?
  Nein!

- Welche Dynamik ist essenziell wichtig in Veränderungsvorhaben?
  Negatives Feedback!

Entscheidend ist jetzt, das zu verändernde System zu betrachten. Womit haben wir es zu tun? Ist das System komplex, kompliziert oder eher einfach, stabil oder instabil? An dieser Stelle genügt eine stark vereinfachte Betrachtungsweise, um die passende Handlungsstrategie (Expertise einholen, Ausprobieren, Anordnen) zu bestimmen.

Steuerung ist das Mittel der Wahl, wenn wir es mit stabilen, einfachen Kontexten zu tun haben. Ein Prozess soll beispielsweise etabliert werden, um einfache Services bereitzustellen. Wenige Elemente und im Verhalten vorhersagbar. Das gilt ebenso für einfache Produktionssysteme mit geringen technologischen Anforderungen.

Einfach und stabil ⇒ Steuerung

Einen stabilen Kontext verlassen wir, sobald wir Neues entwickeln oder komplexe Systeme beeinflussen. Hier greift der Regelungsansatz, jedoch mit einer wichtigen Unterscheidung. Geht es um einen hohen Grad an Kompliziertheit, wie bei einer Software-Implementierung oder in einer verschachtelten Produktion mit vielen Sensoren und Rückkopplungsschleifen, sind die Systeme alle noch stabil in Bezug auf das zu erwartende Verhalten. Soll-Ist-Abgleiche regeln das System, wir arbeiten noch mit definierten Soll-Werten.

Kompliziert und stabil ⇒ Regelung

Was aber, wenn eine ganze Organisation «agilisiert» oder die formalen Führungspositionen abgeschafft werden sollen? Spätestens jetzt müssen wir uns von der Soll-Wert-Festlegung und der Illusion detailliert vorherbestimmbarer Ergebnisse verabschieden. Hier genau liegt der Kristallisationspunkt der Ernsthaftigkeit im Change. Ist es den Verantwortlichen tatsächlich ernst oder ist der Change nur ein wenig Kosmetik auf etablierte Strukturen? Ist Selbstorganisation verstanden oder wird einfach mehr Selbstverwaltung zugelassen? Ist das Verständnis von Veränderung «die Menschen mitnehmen» oder «Musterwechsel im System»?

Komplex und instabil ⇒ Musterwechsel (mit vielen Rückkopplungsschleifen)

DIE ERKENNTNISSE IN KURZFORM

- Viele Change-Ansätze bringen wenig hilfreiche Annahmen mit: Menschen wollen sich nicht verändern, Change lässt sich linear planen, Einige Wenige wissen, wie es geht.
- Grundlegende Veränderungen sind Musterwechsel, also Übergänge von einer Ordnung zur anderen.
- Neue Ordnungsmuster entstehen. Sie im Detail vorhersagen zu wollen, scheitert.
- Ordnungsübergänge brauchen Energie und erzeugen eine Phase der Instabilität.
- Mit der Instabilität gemeinsam umzugehen, ist die große Herausforderung.
- Organisationen als komplexe Systeme lassen sich nicht steuern, aber regeln.

#5 Eine Organisation kann lernen

Wenn Sie das nächste Mal mit Ihrem Team oder in der Management-Runde zusammensitzen, dann stellen Sie doch einmal die folgende Frage: *Was haben wir in letzter Zeit gelernt?* Es wird vermutlich eine Phase des Schweigens geben und dann werden ein paar Seminare oder Methoden aufgezählt. So erlebe ich es oft. Was aber geschieht, wenn Sie nach dem «Wie haben wir gelernt» fragen? Auch hierzu habe ich eine Vermutung. Es wird wenig bis keine Beschreibung eines Lernprozesses geben. Lernen ist, sowohl individuell wie auch organisational, kaum reflektiert.

Während das Was noch benannt werden kann, herrscht beim Wie meistens Schweigen. Dabei wollen doch eigentlich alle Verantwortlichen, dass sie eine lernende Organisation sind. Wobei auch dieser Begriff nicht eindeutig ist und nach Belieben für das Lernangebot für die Mitarbeitenden, Teamlernen oder sonstiges verwendet wird. Grundsätzlich lernt ein komplexes System wie eine Organisation fortlaufend, auch ohne das Bewusstmachen der Individuen. Und unabhängig davon, ob wir die Ergebnisse positiv oder negativ bewerten. Gelernt wird immer, eben auch dysfunktionale Verhaltensmuster. Deshalb ergibt es Sinn, wenn für das Beobachten des Lernens diese alltagsprachliche Unterscheidung rausgenommen wird.

Jeder Change bedeutet Lernen. In jedem Moment lernen wir und die Organisation, weil wir fortlaufend denken, uns erinnern, individuell und kollektiv handeln. Durch das, was wir tun, bestätigen oder verändern wir unsere Routinen und Muster. Das ist Lernen. Aber was bedeutet das für die Organisation? Nur weil ein Team etwas lernt, lernt auch die gesamte Organisation? Und umgekehrt? Die Fragen, auf die ich einen Antwortversuch gebe, adressieren demnach mehrere Betrachtungsebenen.

Die lernende Organisation – Traum, Ideal oder Wirklichkeit?

Eine lernende Organisation zu sein, ist seit Dekaden der Traum vieler HR-Verantwortlichen und Organisationsentwickler und -entwicklerinnen. Es bleibt in den meisten Fällen ein Traum. Das liegt meiner Meinung nach am mangelnden Systemverständnis. Denn so lange beim Thema Lernen der Fokus auf den Individuen allein liegt, wird die organisationale Ebene nicht adressiert.

Ein deutsches Unternehmen, das seit rund 180 Jahren existiert, ist jüngst auf die Idee gekommen, den Vertrieb vom reinen Produktverkauf auf kundenorientierten Lösungsvertrieb «umzulernen». Der zuständige Bereich L&D (Learning and Development) konzipiert eine Lernreise für die Verkäufer, über die sie trainiert werden sollen, im Team mit internen Beratern zu arbeiten und ihre eigene Rolle *neu* zu verstehen. Sie werden mit vielen Methoden und Techniken beschult. Die Annahme der Verantwortlichen ist, dass sich so das Mindset der Verkäufer und damit Verständnis und Handeln der Vertriebseinheiten ändern. Meine Hypothese: So wird das nix.

Zum einen werden hier ausnahmslos die Individuen adressiert. Der Kontext, im dem sie agieren, wird nicht betrachtet. Dabei ist gerade der Vertrieb mit seiner Abschlussorientierung und individueller Bonifizierung auf Einzelkampf erzogen. Warum sollten sich Berater temporär in Vertriebsteams engagieren, wenn dabei nur einer gewinnt? Zum anderen ist es geradezu übergriffig, Menschen ein falsches Mindset zu unterstellen, nachdem sie es in genau diesem Kontext entwickelt haben. Außerdem haben wir keinerlei direkten Zugriff auf das Gehirn anderer Menschen. Wir können sie in ihrem Denken stören. Welches Ergebnis das haben wird, ist nicht vorab bestimmbar. Der Ansatz «beschule die Menschen, dann ändert sich das Ganze» ist jedoch immer noch populär in vielen Organisationen. Das ändert aber nichts an seiner Unwirksamkeit.

«If you can't describe what you're doing as a process, then you don't know what you're doing.»
(W. Edwards Deming)

Würde eine Organisation nicht ständig lernen, wäre sie nicht anpassungsfähig und würde über kurz oder lang nicht überleben. Gleichzeitig stellt sich die Frage, was sie denn lernt. Alltagssprachlich fokussieren wir auf Lernergebnisse und da zumeist auf die positiv bewerteten. Das wird dem Lernen nicht gerecht und schränkt uns in der Beobachtung ein. Auch Handeln, das wir unpassend oder falsch finden, ist gelernt. Wenn wir Organisationen verändern wollen und sie dazu beobachten, ist ein neutraler Blick hilfreich. Hier geht es um die Reflexion bestehender Muster und Routinen und das Verabreden alternativer Routinen. Sind diese alternativen Routinen im Handeln beobachtbar, hat Lernen tatsächlich stattgefunden.

Was also müsste passieren, damit sich L&D (um bei unserem Beispiel zu bleiben) grundlegend verändert und organisationales Lernen unterstützt? Im ersten Schritt braucht es ein Bewusstsein für das eigene Handeln. Welche Probleme lösen wir in welchem Kontext? Was treibt uns? Welche Normen, Überzeugungen und Werte sind für uns handlungsleitend? L&D muss lernen, um sich zu verändern.

Das hat selbstverständlich auch etwas mit dem Lernen der Menschen zu tun. Wir dürfen aber differenzierter darauf schauen. Dazu stelle ich Ihnen einen Ansatz der lernenden Organisation von Chris Argyris und Donald Schön vor, den ich persönlich hilfreich finde.

Argyris und Schön definieren organisationales Lernen wie folgt:

«Organisationales Lernen findet statt, wenn Einzelne in einer Organisation eine problematische Situation erleben und sie im Namen der Organisation untersuchen. Sie erleben eine überraschende Nichtübereinstimmung zwischen erwarteten und tatsächlichen Aktionsergebnissen und reagieren darauf mit einem Prozess von Gedanken und weiteren Handlungen; dieser bringt sie dazu, ihre Vorstellungen von der Organisation oder ihr Verständnis organisationaler Phänomene abzuändern und ihre Aktivitäten neu zu ordnen, damit Ergebnisse und Erwartungen übereinstimmen, womit sie die handlungsleitende Theorie von Organisationen ändern. Um organisational zu werden, muss das Lernen, das sich aus Untersuchungen in der Organisation ergibt, in den Bildern der Organisation verankert werden, die in den Köpfen ihrer Mitglieder und/oder den erkenntnistheoretischen Artefakten existieren (den Diagrammen, Speichern, und Programmen), die im organisationalen Umfeld angesiedelt sind.» (Argyris/Schön, 1996)

Organisationen müssen also ein relevantes Problem wahrnehmen, um überhaupt pro-aktiv zu lernen. Das kann eine Krise oder eine Differenz zwischen aktuellen und zukünftigen Anforderungen der Umwelt, Handlungs- und Problemlösungsstrategien sein. Relevanz ist dabei entscheidend. Der Mangel an Relevanz ist häufig die Ursache, warum von Einzelnen als wichtig deklarierte Maßnahmen an der Organisation abtropfen. Auch wenn Organisationen kein Bewusstsein haben wie wir Menschen, ist Lernen auch hier die Veränderung von Wirklichkeitskonstruktionen (⇒ **Glossar**). Organisationen haben dafür Kommunikation und Entscheidungen.

Ein zentraler Aspekt dieses Ansatzes steckt im Begriff «handlungsleitende Theorie der Organisation». Argyris und Schön unterstellen, dass Menschen in Organisationen auf Basis von Normen, Strategien, Überzeugungen und Weltbildern handeln. Diese sogenannte Aktionstheorie kann zwei Formen annehmen – vertretene und handlungsleitende Theorie. Mit der vertretenen Theorie wird Handeln erklärt beziehungsweise gerechtfertigt. Es ist auch die Schauseite, also all die «Wie-wir-gern-wären-Dinge», die sich auf dem geduldigen Papier von Leitlinien und Purpose finden.

Die handlungsleitende Theorie ist eine Konstruktion aus Beobachtungen, die dann mehr oder weniger stillschweigend in die Handlungsmuster der (meisten) Menschen übernommen wird. In unserem Beispiel des tradierten Unternehmens weiter vorne ist das, was sich an Aktionen, Strategien und Annahmen beobachten lässt, ihre handlungsleitende Theorie für die Entwicklung der Verkäufer. *Wir fördern Talente. Bei uns steht der Mitarbeitende im Mittelpunkt. Wir entwickeln Mitarbeitende stetig weiter.* All diese Normen, Werte und Strategien sind mehr implizit als explizit, wirken aber auf Aktivitäten, Kommunikation oder das angebotene Leistungsportfolio.

Das, was das Handeln leitet, lässt sich mitunter nur schwer benennen. Vor allem dann, wenn eine Organisation beispielsweise große Entscheidungsspielräume für ihre Mitarbeitenden predigt, die aber schon für die Bestellung eines Kugelschreibers durch einen fünfstufigen Freigabeprozess müssen. Widersprechen sich vertretene und handlungsleitende Theorie, kann ein Tabu (⇒ **1. Reflect**) entstehen. Die Wirkung, die durch den Freigabeprozess entsteht, kann nicht mehr einfach so besprochen werden, weil die Organisation offiziell anders agiert. Das macht dann auch Lernen schwer, zumindest in dem Themenfeld.

Organisationen lösen komplexe Probleme und lernen demnach. Das ist ein rückbezüglicher Prozess zwischen den Individuen und der Organisation. Jedes einzelne Organisationsmitglied hat eine Vorstellung davon «wie wir das hier so machen». Diese Vorstellung ist aber immer unvollständig, woraus sich ein fortlaufender Abgleich mit den anderen Mitgliedern, den Leitbildern, Prozessen, Regeln und Normen ergibt. Das Lernen einer Organisation ist ein stetiger, aktiver Prozess, und zwar unabhängig davon, ob gerade explizit die neue Unternehmensstrategie ausgelobt oder die Organisation agilisiert wird.

Die wichtige Frage neben dem Was des Lernens, bleibt das Wie.

Einschleifen und Doppelschleifen

Das, was Organisationen bestens beherrschen, nennen Argyris und Schön Einschleifen-Lernen. Stellt der L&D-Bereich unseres Beispielunternehmens fest, dass die Verkäufer auch nach den Trainings nur über die eigenen Produkte sprechen, aber ihre Kunden immer noch nicht gut kennen, nimmt er als Lösung eine umfangreiche Kundenanalyse ins Programm auf. Die Differenz zwischen Erwartung an die Trainings und deren Ergebnis sorgt also für eine Korrektur in Form einer einfachen Rückkopplungsschleife. Die Handlungsstrategie wird angepasst in der Erwartung, danach das gewünschte Ergebnis zu erzielen. Die unter dem eigentlichen Handeln liegenden Normen und Überzeugungen bleiben dabei unreflektiert. Das System bleibt, wie es ist. Das Problem wird (vermeintlich) und direkt gelöst. In diesem Anpassungslernen sind wir geübt. Es ist notwendig und bleibt wichtig.

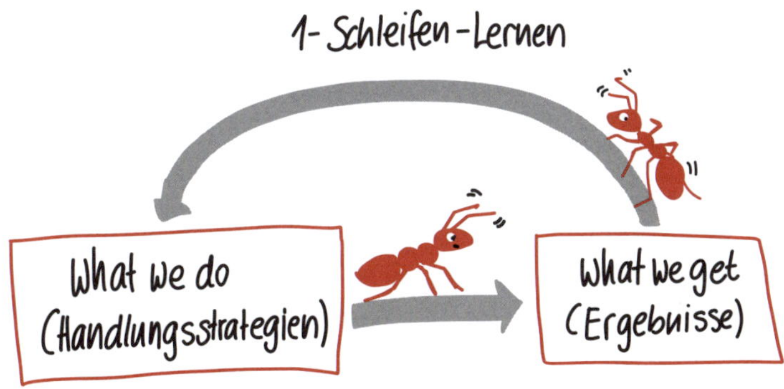

Anpassungslernen löst das Problem direkt

Bleibt Anpassungslernen die einzige Lernebene, sind grundlegende Veränderungen unwahrscheinlich, denn sie bedürfen der Reflexion von Überzeugungen, Prinzipien und Normen. Die handlungsleitende Theorie wird dann ebenfalls zum Gegenstand der Betrachtung und Lernen verläuft in einer Doppelschleife.

L&D hat nun einige Methoden und Tools für den kundenbezogenen Lösungsvertrieb in das Programm aufgenommen und stellt fest, dass die Teilnehmenden eher desinteressiert sind und auch in den Trainings keine Energie in Kundenanalyse & Co. investieren. Im täglichen Vertriebsgeschehen machen die Verkäufer weiter, wie bisher. Jetzt erneut mit Anpassungslernen zu reagieren, wird nicht zum gewünschten Erfolg führen. Es bedarf einer Erforschung der handlungsleitenden Theorie in den beteiligten Bereichen. Es braucht Veränderungslernen.

Die Verkäufer müssen dazu neue Aktivitäten in ihre Routinen aufnehmen und damit (zumindest für eine Weile) Effizienz einbüßen. Sie sind gleichzeitig gehalten, möglichst viel nachweisbare «customer facing»-Zeit zu haben. Das Ausfüllen von Kundenanalysen am Schreibtisch wird nicht anerkannt, zumal der neue Ansatz sich noch nicht bewährt hat. Der alte Weg des reinen Produktvertriebs aber sehr wohl. Interne Berater sollen die Verkäufer aktiv im Prozess unterstützen und zum Kunden begleiten. Die Verkaufskollegen sind bisher als ausgesprochene Einzelkämpfer bekannt, was die Motivation der Berater nicht erhöht. Dazu kommt, dass nur die Verkäufer Abschlussprovision erhalten. Es entstehen also strukturelle Konflikte und Dilemmata in Bezug auf die jeweiligen Normen. Diese Aufzulösen ist Veränderungslernen. Das kann bedeuten, individuelle KPI aufzuheben und stattdessen gemeinsame Kenngrößen zu etablieren. Es existiert üblicherweise ein enger Zusammenhang zwischen der Struktur in einer Organisation und den Normen und Überzeugungen. Diese zu erforschen und hinderliche Konflikte aufzulösen, ist dabei der Schlüssel.

Zuvor ist der springende Punkt, dass sich das Management des Unternehmens dieser Konflikte bewusst wird und einen passenden Erforschungs-Prozess anstößt. Eine bestens geeignete Einsatzmöglichkeit für den organisationalen Diskurs, im Übrigen.

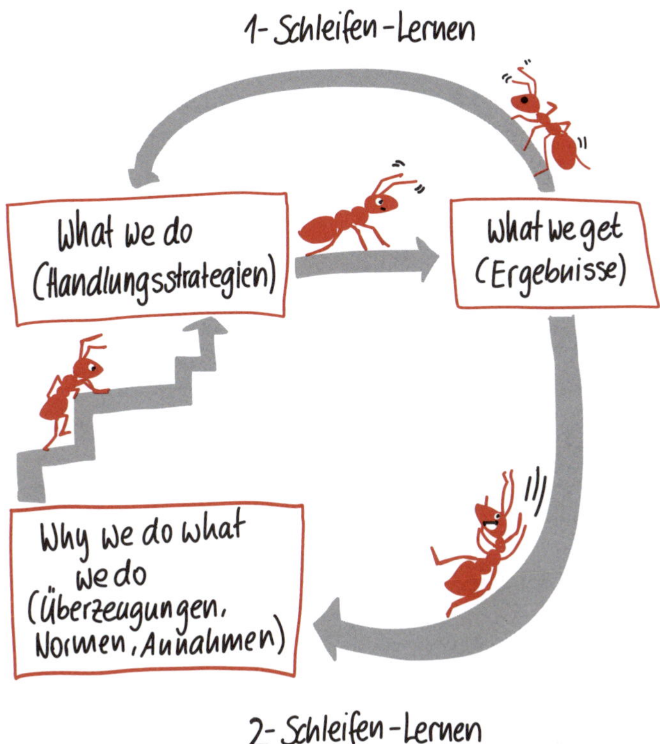

Doppelschleifen-Lernen sorgt für Veränderung

Damit das Doppelschleifen-Lernen auch tatsächlich organisational wird, braucht es also eine «community of inquiry» (⇒ **Das Wofür (nicht)**). Die Gruppen, die zum organisationalen Diskurs eingeladen sind, erforschen reflexiv die Erwartungen, Ergebnisse, Überzeugungen, Zielkonflikte und Normen, und zwar im Sinne der Organisation.

Das Lernen lernen

Auch für das Lernen selbst hat jede Organisation ihre etablierten Muster und Routinen. *Wie intensiv reflektieren wir? Wer nimmt an «Forschungsgruppen» teil? Welche Anreizsystem wirken sich dabei aus? In welchem Rahmen setzen wir uns mit unserem organisationalen Lernen auseinander?*

Die Reflexion des eigenen Ein- und Doppelschleifen-Lernens trägt dazu bei, das Lernsystem einer Organisation selbst zu erkennen: Wann lernen wir? Wann und wie blockieren wir das Lernen? Das sind die zentralen Fragen. Organisationen, die geübt sind, ihre Überzeugungen und Normen zu reflektieren, werden sich damit auch ihres Lernprozesses bewusster. Damit herrscht dann bei der Frage, wie wir in einer Organisation lernen, auch kein Schweigen mehr.

«Es liegt in der Natur der Sache, dass ein Forscher nie wissen kann, was er erforscht, bis er es erforscht hat.»
(Gregory Bateson)

DIE ERKENNTNISSE IN KURZFORM

- Jede Organisation lernt, ständig.
- Auch dysfunktionale Muster und Routinen sind erlernt.
- Was eine Organisation tut, wird oft zum Lerngegenstand. Das ist Einschleifen-Lernen.
- Das Wie der Zusammenarbeit darf intensiver reflektiert werden. Das ist Doppelschleifen-Lernen.
- Organisationales Lernen braucht ein relevantes Problem, kein «was wir gerne wären».

#6 Das Menschenbild ist entscheidend

Es wird Sie das ganze Buch über begleiten – Ihr Menschenbild. Wenn Sie hier Ideen lesen, die Sie begeistern oder auch ablehnen, es wird etwas mit dem Bild vom Menschen zu tun haben, dass Sie für sich angenommen haben. Und somit ist es auch die Gretchenfrage für Organisationen. Welches Menschenbild liegt unserer Art, Arbeit zu organisieren, zugrunde? Die Frage ist nicht mal eben zu beantworten. Direkt gefragt antworten daraufhin die meisten Führungskräfte und Verantwortlichen so etwas wie *meine Mitarbeitenden sollen lernen dürfen, sich entfalten, ich bin zur Unterstützung da, und so weiter.* Wenn dieselben Personen nicht so intensiv auf

«Verträglichkeit» ihrer Aussagen achten, blitzt ihr Menschenbild zwischen ihren Gedanken durch. Gerade wenn es um Veränderungen, Partizipation und Auseinandersetzung geht, denken doch einige eher an Pflegestufe 1 für ihre Mitarbeitenden als an erwachsene, intelligente Menschen.

Das können meine Leute nicht. Die Gruppen sollen ohne Coach in einen Diskurs gehen? Dafür fehlt denen die Reife. Strategie können nur die Führungskräfte. Die Mitarbeitenden interessiert das doch gar nicht. Das Bild, das diese Gedanken zeichnen, ist leider sehr ernüchternd. Glauben wir doch so gern, in der New Work Zeit von Agilität und Mitwirkung angekommen zu sein. Da sollte doch auch ein entsprechendes Menschenbild vorhanden sein, oder nicht? Grund genug also, das Bild vom Menschen zum Thema zu machen und unsere Aufmerksamkeit darauf zu lenken.

Wie wir andere Menschen wahrnehmen und welche Eigenschaften wir «dem Menschen im Allgemeinen» zuschreiben ist grundlegend. Jeder von uns hat ein Bild vom Menschen. Es erleichtert uns das Leben, weil es Komplexität reduziert. Wir müssen nicht laufend neu darüber nachdenken, wer für uns als Mensch gilt und was ihn ausmacht. In unserem Menschenbild sind wesentliche Eigenschaften abgelegt. So, wie wir eben über Menschen denken. Üblicherweise gehen wir auf unsere Mitmenschen so zu, wie wir denken, dass sie sind. Wir behandeln sie so, wie wir über sie denken – und damit eventuell nicht so, wie sie tatsächlich sind.

Bin ich beispielsweise davon überzeugt, dass Menschen auf ihren Vorteil aus und grundsätzlich egoistisch sind, dann werde ich im Umgang mit ihnen vermutlich vorsichtig und zurückhaltend sein, um nicht ausgenutzt zu werden. Dieses Verhalten wird auf Dauer nicht ohne Wirkung bleiben. Die Person wird ihrerseits die Zurückhaltung interpretieren und sich eventuell als «Bin ich nicht vertrauenswürdig?» hinterfragen. Spätestens wenn diese Person ihre Interessen klar vertritt, bestätigt sich der Glaubenssatz und damit das Menschenbild. Das Verhalten wird in Bezug auf das Menschenbild wahrgenommen. Gerade im Verhältnis von Führungskräften und Mitarbeitenden entsteht so, vor allem bei stark gelebter formaler Hierarchie, schnell eine selbsterfüllende Prophezeiung. **Wir bekommen das Verhalten, das wir erwarten.**

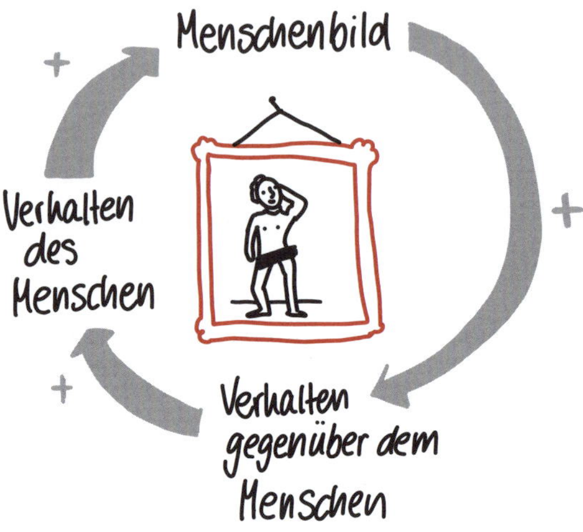

Eine sich selbsterfüllende Prophezeiung

Gleichzeitig interpretieren wir Verhalten über diese grundlegenden Eigenschaften und wir fokussieren unsere Wahrnehmung. Mit dem obigen (unvollständigen) Menschenbild halte ich Egoismus und Vorteilsnahme für den Normalfall. Das erwarte ich ja eben. Verhalten sich Menschen in meinem Umfeld altruistisch, kann ich leicht Taktik annehmen, denn es kann sich ja nur um verdeckten Egoismus handeln. Mit dieser Überzeugung ist mein eigenes egoistisches Verhalten für mich der Normalfall. Das generelle Bild vom Menschen schließt mich selbst ein.

Das Menschenbild besteht also aus Annahmen. Diese sind dabei nicht losgelöst voneinander, sondern stehen in Beziehung. Sie können sich ausschließen, unterstützen oder auch ergänzen. Gleichzeitig existiert eine minimale Basisversion an Überzeugungen, die widerspruchsfrei für uns Gültigkeit besitzt. Das sind die tatsächlich wichtigen Annahmen über den Menschen wie beispielsweise *Man kann niemandem trauen. Beamte haben keine Lust auf Leistung. Menschen sind nicht besonders schlau. [Was Ihnen sonst noch so einfällt].*

Das Menschenbild ist unser eigenes Bild, nicht mehr und nicht weniger. Es hat mit den tatsächlich handelnden Personen erstmal nichts zu tun. Zumal mit einer solchen Argumentation der Kontext nicht berücksichtigt wird und der wirkt auf Verhalten, aus einer systemtheoretischen Perspektive, deutlich stärker.

Und weil das Menschenbild ein Erklärungsmodell mit viel Kraft und Macht ist, sollte es in Change-Vorhaben, die auf veränderte Muster und Routinen hinauswollen, reflektiert werden.

Eine Organisation, viele Menschen-Bild-Schichten

In einer Organisation kann es *das* eine Menschenbild nicht geben. Jede und jeder Einzelne bringt sein Päckchen an Annahmen mit. Gleichzeitig bilden sich kollektive Menschenbilder heraus.

Neben dem **individuellen** Menschenbild entstehen **gruppenspezifische**. Veganer, Katholiken oder Agilisten teilen ein Bild vom Menschen. Dabei ist nicht gemeint, dass alle Veganer ein homogenes Menschenbild teilen, sondern all die individuellen werden durch überlappende Überzeugungen in der Gruppe angereichert. In Organisationen mit funktionaler Differenzierung lässt sich das gut beobachten, wenn beispielsweise die Produktentwicklung mit oder über den Vertrieb spricht. Auch da schwingt immer ein Stück Menschenbild mit.

Auf der Ebene der Organisation werden die Annahmen über den Menschen im Allgemeinen abstrakter und schwächer. Schließlich müssen sie anschlussfähig sein an die gruppenspezifischen und individuellen Menschenbilder. Das, was die überwiegende Mehrheit einer Organisation an Überzeugungen hat, beschreibt das **organisationale** Menschenbild.

Über die verschiedenen Schichten des Menschenbildes lässt sich nicht einfach die Summe bilden. Eine Schicht wird jeweils durch die anderen angereichert. Gleichzeitig entstehen da Konflikte. Die wiederum lassen sich in vielen Transformationen beobachten. Wenn sich beispielsweise eine Gruppe für die Autonomie von Teams und Dezentralisierung stark macht, zeigt sie – zumindest implizit – ein bestimmtes Menschenbild. Das kollidiert mit den Überzeugungen, die bisher in der Organisation galten und so beginnt ein Aushandeln des zukünftigen Menschenbildes. Das geschieht leider häufig, ohne das Thema Menschenbild überhaupt klar zu benennen. Die Diskussionen bleiben deshalb oft auf der Methoden- oder Prozessebene und somit entscheidende Aspekte im Dunkeln.

«Agilität ist nichts für uns»

Der HR-Bereich und das Managementteam rufen die Agilisierung bestimmter Organisationseinheiten aus. Die Führungskräfte stehen dem skeptisch gegenüber, hoffen aber mit der Scrum-Einführung die Mitarbeitenden zu «verantwortungsbewussterem» Arbeiten bewegen zu können. Die Mitarbeitenden erleben sich selbst aber schon immer als verantwortungsvolle, entscheidungsfähige und motivierte Menschen, sind jedoch gleichzeitig in der bisherigen Organisation mit viel Command & Control sozialisiert. Sie warten also erstmal ab. Während sie warten, «erkennen» die Führungskräfte, wie ihr etabliertes Menschenbild Bestätigung findet. *Agil geht mit unseren Leuten nicht.* Wäre das überwiegende Menschenbild auch im Managementteam ein humanistisches, stellte sich eine andere Frage: Welche Rahmenbedingungen sind notwendig für uns, um agil zu arbeiten? Die Frage, ob das mit den Mitarbeitenden überhaupt geht, ist überflüssig.

Menschenbild konkret

Die Organisationspsychologie unterscheidet im Wesentlichen fünf Menschenbilder und ordnet sie bestimmten Zeiten zu (zitiert aus: Borgert, 2018).

Homo oeconomicus (seit Beginn des 20. Jahrhunderts)

- Organisation als ein technisches System
- Organisationsstrukturen: zentral, bürokratisch
- Menschenbild: **Vernunft und Nutzenmaximierung**
- Der Mensch ist verantwortungsscheu
- Der Mensch braucht monetäre Anreize
- Der Mensch will den eigenen Nutzen maximieren

Social Man (seit den 1930er-Jahren)

- Organisation als ein soziales System
- Organisationsstrukturen: zentral, bürokratisch, auf Gruppenbasis
- Menschenbild: **soziale Bedürfnisse**
- Menschlicher Kontakt motiviert zur Arbeit

- Der Mensch will Entscheidungen treffen
- Der Mensch braucht Kommunikation mit anderen

Self-actualising Man (seit den 1950er-Jahren)
- Organisation als ein soziotechnisches System
- Organisationsstrukturen: dezentral, flache Hierarchien
- Menschenbild: **Selbstverwirklichung**
- Der Mensch kann und will sich weiterentwickeln
- Der Mensch ist primär intrinsisch motiviert
- Der Mensch strebt nach Selbstverwirklichung

Complex Man (seit den 1970er-Jahren)
- Organisation als ein soziotechnisches System
- Organisationsstrukturen: dezentral, flache Hierarchien
- Menschenbild: **Vielfalt**
- Bedürfnisse der Menschen variieren und entwickeln sich
- Motive können rollenabhängig verschieden sein

Virtual Man (seit den 1990er-Jahren)
- Organisation als ein soziodigitales System
- Organisationsstrukturen: dezentral, virtuell in Netzwerken
- Menschenbild: **Enttraditionalisierung, Individualisierung, Netzwerkbildung**
- Der Mensch passt sich an neue Technologien an
- Der Mensch ist flexibel
- Der Mensch hat eine starke Neigung zur Kooperation

Sie mögen mit einem kurzen Blick auf die fünf Menschbilder denken, dass Organisationen doch mindestens beim Complex Man angekommen sein sollten. Es wird so viel geschrieben und diskutiert über unsere komplexe Welt und das Command & Control nicht mehr der passende Stil sei. Ich glaube, das ist ein Trugschluss. Immer noch ist es eine kleine Gruppe von Organisationen, die sich grundlegend mit ihren Strukturen und den zugrunde liegenden Überzeugungen auseinandersetzt. Die Grundidee des Taylorismus (⇒ **Glossar**) und damit das Menschenbild des Homo Oeconomicus scheinen hartnäckig in den Köpfen von Führungskräften und Verantwortlichen zu kleben.

Taylorismus lässt grüßen

Arbeit lässt sich teilen in so etwas wie Planen und Ausführen, und deshalb braucht es Arbeiter (triviale Maschinen) und Manager und Managerinnen (die mit den passenden Fähigkeiten, um die Arbeiter zu steuern). Nach Frederick W. Taylor neigt der Arbeiter zu Passivität, weshalb er oder sie von Managern (mit finanziellen Anreizen) motiviert werden muss. Von Natur aus ist der Mensch eben faul und auch nicht in der Lage, die Arbeit zu planen oder gar unbeaufsichtigt zu erledigen.

Die Manager und Managerinnen andererseits sind eigenmotiviert, leistungsbereit und -fähig und verfolgen die Ziele der Organisation. Das, was Taylor sich gedacht hat, ergab in der Übergangszeit zur Industrialisierung Sinn. Aktive Manager, die passive Arbeiter steuern und dabei zentralistisch geplant für ein Höchstmaß an Effizienz und Reibungsfreiheit sorgen. Strukturen, Abläufe und Prozesse wurden bei Ford als *dem* Paradebeispiel für Taylorismus genau darauf abgestimmt. So ist es wenig verwunderlich, dass die Arbeiter genau das Verhalten zeigten, dass ihnen unterstellt und zu dem sie strukturell erzogen beziehungsweise gezwungen wurden. Auch wenn es heute nicht woke ist, dieses Menschbild zu haben, so finden sich doch erstaunlich viele Strukturen und Überzeugungen aus Taylors Zeiten auch in unseren modernen Organisationen. Immer da, wo Sie eventuell denken, dass Ihre Mitarbeitenden oder Kolleginnen und Kollegen doch Anreiz und Kontrolle brauchen oder nicht von sich motiviert oder gar veränderungsscheu sind und Sie nur deshalb eine bestimmte Veränderung nicht angehen, machen Sie sich bitte eines bewusst: Sie konzipieren den Change und all Ihre Maßnahmen nicht um die Menschen herum, sondern um Ihr Menschenbild.

Menschenbilder sind immer Trivialisierungen. Keines kann auch nur im Ansatz beschreiben, wie der Mensch im Allgemeinen ist. Gleichzeitig haben wir alle eines und es beeinflusst uns grundlegend.

DIE ERKENNTNISSE IN KURZFORM

- Wir alle haben ein Bild davon, wie der Mensch im Allgemeinen ist.
- Unser Menschenbild besteht aus einem Bündel von Annahmen genereller Art.
- Es wirkt oft unbewusst, und wir behandeln Menschen so, wie wir denken, dass sie sind. Damit können wir daneben liegen.
- Über unser Menschenbild erklären wir uns das Verhalten anderer.
- Das Bild des homo oeconomicus wirkt noch immer in vielen Organisationen.

#7 Wir müssen uns mehr Komplexität zumuten

Zusammenarbeit in Organisationen steckt voller Überraschungen. Das ist so weit keine Neuigkeit und liegt in der Komplexität dieses Systems begründet. Organisationen sind dynamisch, nicht vollständig planbar und auch nicht im Detail zentral steuerbar. Und wir alle haben eine Ahnung und ein Gefühl für diese Komplexität, unabhängig davon, ob wir uns mit der Thematik selbst bereits beschäftigen oder nicht.

Führungskräfte und Mitarbeitende erläutern ihr Erleben von Komplexität häufig so: *Hier arbeiten Menschen aus zig Ländern, jede Kultur ist anders, alle richtig zu adressieren ist eine Kunst. Hybrides Arbeiten macht alles noch komplexer. Die Arbeitsmenge steigt und steigt, die Themenvielfalt ebenso. Wir müssen so viel reporten und dabei durch die Organisationsstruktur durchsteigen, in der Verantwortlichkeiten unklar sind. Wir werden überflutet von Informationen und unsere Kunden und Lieferanten ändern fortlaufend etwas. Die Anforderungen bleiben nicht einmal kurz stabil, und wir müssen schauen, wie wir das abdecken.*

Dann wird es den Menschen schnell «zu komplex». So wenden sich Führungskräfte an ihren HR Business Partner und Mitarbeitende an ihre Führungskräfte – mit der Bitte um Unterstützung. Die Antwort ist so gut wie immer dieselbe. Ein Training oder Seminar muss her. Je nachdem, welches Thema die «Selbstdiagnostik» ergeben hat, wird dann etwas zu Changemanagement gebucht. Wenn die Leute lernen, wie sie Menschen mitnehmen, Widerständen vorbeugen und mit Kreativität zum Erfolg gelangen, sollte alles in Ordnung sein. Oder Kommunikation und Rhetorik stehen im Vordergrund. Dann geht es darum, andere einzuschätzen und zu analysieren, zu bekommen, was man will, schlagfertig zu sein oder die richtige Change-Kommunikation zu trainieren. Führungskräfte wiederholen nochmal, wie Mitarbeitende gefordert und gefördert werden, Ziele zu vereinbaren, Kritikgespräche zu führen und Mitarbeitende zu beteiligen. Im schlimmsten Fall werden Zeit- und Selbstmanagement-Seminare verordnet. Die lassen sich schließlich auf jede Anforderung aufpfropfen. Egal, welches Format und Thema gewählt wird, ob Purpose, Werte, Kultur oder Mindset, es folgt der Idee, «die Menschen passend zu trainieren». In dieser üblichen Art, das vermeintliche Problem mit der Komplexität zu adressieren, stecken mindestens zwei Fehlannahmen. Erstens, dass wir Komplexität «in den Griff bekommen», wenn wir Methoden büffeln. Zweitens, dass die einzelnen Menschen das Problem beziehungsweise die Lösung sind. Für mich ergeben sich daraus zwei Zumutungen, für die ich leidenschaftlich plädiere.

1. Lasst die Menschen in Ruhe

Wir sind alle mit der Komplexität unserer Welt konfrontiert und auch durchaus überfordert. Niemand ist nur mehr oder weniger davon betroffen. **Wir fühlen uns überfordert, weil wir verlernt haben, komplexitätsgerecht zu agieren.** Sozialisiert in Organisationen, die als Maschinen mit linearem Verhalten betrachtet und mit vielen tayloristischen Methoden und Techniken gemanagt werden. Eine lange Phase des Human Relations, die uns predigt, die Mitarbeitenden in den Mittelpunkt zu stellen und uns um deren Mindset und Glück zu kümmern. Das alles mit einer Haltung von «einige wissen, wie es geht und was die Human Ressourcen brauchen».

Ist das Medikament für die empfundene Überforderung dann triviales Zeitmanagement oder ein Mach-die-wieder-leistungsfähig-Coaching, erhöht das den Druck auf die Einzelnen nur. Die Menschen am Problem *vorbei zu beschulen,* ist unfair. Gleichzeitig ist das eine mögliche Erklärung für die stetige Zunahme psychischer Erkrankungen und Fehlzeiten. Statt die Mitarbeitenden mit den passenden Rahmenbedingungen und (Denk)-Werkzeugen auszustatten, wird der Schulungskatalog um blutleere Trainings und Workshops erweitert.

Jede und jeder soll sich entfalten, die eigene Persönlichkeit entwickeln und den individuellen Purpose in der Arbeit finden dürfen. *Bring Dich bei uns ganz und gar ein,* ist mittlerweile weniger ein Angebot als eine Erwartung. Judith Muster (Muster et. al, 2022) und ihre Kollegen widmen sich in ihrem Buch «Die Humanisierung der Organisation» sehr ausführlich diesem Phänomen. Dabei ist zunächst wichtig, dass wir über Organisationen sprechen und nicht über Teams, in denen andere Dynamiken wirken. Betrachten wir Organisation, dann hilft die Unterscheidung von Mensch und Mitglied. Menschen agieren als Organisationsmitglieder in einer bestimmten Funktion. Sie sind eben nicht als Privatperson Teil des Unternehmens. Was jemand privat tut, welche Traumata der Kindheit er oder sie mit sich trägt und welche Gefühle zu jedem beliebigen Zeitpunkt hochkochen, ist nicht relevant. Das klingt hart? Ich empfinde es dagegen als entlastend, den Fokus auf die Organisationsrolle zu lenken, denn sobald diese Grenze verwischt, wird es ständig persönlich, oft dramatisch und ganz bestimmt überfordernd.

Dass grundsätzlich alle Beteiligten diese Grenzziehung (un)bewusst haben, zeigt sich bei Workshops und Meetings, in denen Menschen aus diversen Funktionsbereichen zusammenkommen und ihre innere Welt miteinander teilen sollen. Bis die Teilnehmenden «sich öffnen», kann es schon mal dauern, und das, was dann geliefert wird, ist mehr oder weniger gutes Schauspiel. *Ich will hier nicht über mein Gefühlsleben sprechen* ist dabei ein begründeter Einwand. Das ist privat und geht die Organisation und damit alle anderen Mitglieder nichts an.

Sich mit vielen privaten Anteilen zu zeigen und damit laufend die Organisationsrolle zu überschreiten, sorgt häufig für Stress. Gleichzeitig erlebe ich Organisationen, die das «ganze Ich» der Mitglieder immer wieder ins Licht zerren. Entwickelt sich das zum Selbstzweck, bleibt das nicht ohne Wirkung. Dann ist alles Befindlichkeit, kaum etwas kann noch auf der Sachebene diskutiert werden. Tacheles reden wird unmöglich. Diskussionen enden nicht mit einer Übereinkunft nach gründlichem gemeinsamem Denken, sondern mit Moralisieren oder Drohen. Dann ist auch nicht verwunderlich, dass Meetings und Workshops die Bühne sind, in denen die Beteiligten versuchen, ihre Sichtweise durchzusetzen. Sich angegriffen fühlen, wenn die eigene Meinung hinterfragt wird, ist an der Tagesordnung.

In einer Organisation soll und muss es um die Sache gehen. Anders als in der Familie ist ein Organisationsmitglied austauschbar. Der Mensch bringt sich als Funktion ein, und es muss möglich bleiben, sich von ihm oder ihr zu trennen, wenn beispielsweise die Funktion wegfällt. Das gilt genauso umgekehrt – jedes Mitglied hat die Wahl, das Unternehmen zu verlassen.

Lassen wir die Menschen in Ruhe, in dem wir sie nicht mit unpassenden Maßnahmen zu beschulen versuchen. Betrachten wir sie stärker als eine Funktion in der Organisation, können die wieder freier atmen, und wir kommen weg von der Orientierung auf die Individuen. Gemeint ist selbstverständlich nicht, den Menschen nicht zu berücksichtigen oder zum Rädchen in einer Maschine zu degradieren. Im Gegenteil, der Fokus liegt dann auf der Gestaltung der Bedingungen und Strukturen in einer Organisation, sodass die Menschen bestmöglich ihre Arbeit leisten können. Das empfinde ich als sehr menschenfreundlich. Zumal wir für die wirksame Veränderung vielmehr die gemeinsame Suche nach passenden Antworten brauchen. Das Erarbeiten einer gemeinsamen Wahrheit im Hier und Jetzt. Das ist eine kollektive Aufgabe und Leistung, und als solche sollten wir sie begreifen.

Die ersten, denen hier also etwas zugemutet wird, sind HR-Verantwortliche, Führungskräfte und Beratende. Mein Wunsch: **Nehmt den Mitarbeitenden aus dem Mittelpunkt und stellt die Wertschöpfung dorthin. Wir müssen uns selbst und gegenseitig das Meistern der Komplexität zumuten. Das bedeutet Zutrauen.**

»Der menschliche Verstand vermag den Zusammenhang der Ursachen aller Erscheinungen nicht zu begreifen, aber der Trieb, diese Ursachen zu erforschen, schlummert in des Menschen Seele. Und da er in die vielen kunstvoll verworrenen Grundbedingungen aller Erscheinungen nicht eindringen kann, von denen jede einzelne als Ursache gelten könnte, greift er nach der ersten besten, die ihm am verständlichsten ist und am nächsten liegt, und behauptet: das ist die Ursache.«

Fürst Andrej Bolkonskij in Leo Tolstois »Krieg und Frieden«.

2. Komplexität meistern

Komplexen Systemen ist gleichgültig, mit welchem 5-Punkte-Plan oder mit welcher Methode wir auf sie einschlagen. Sie bleiben komplex und lebendig. Aus diesem Grund dürfen wir uns weiter damit beschäftigen, Komplexität zu begreifen und passende Interventionen auszuwählen. Und da reicht es nicht, wenn eine kleine Gruppe Führungskräfte das zweitägige Komplexitäts-Seminar besucht hat. Mit Komplexität sind alle konfrontiert. Dass es dafür kein abzuarbeitendes Rezept gibt, ist klar. Eine Grundzutat jedoch existiert: **Denken**. Gemeinsam, differenziert, vernünftig, kritisch, im Hier und Jetzt, auf Basis passender Theorien, in Zusammenhängen und Möglichkeiten. Das ist ein Lernfeld, auf dem sich Organisationen entwickeln sollten, wenn sie morgen – und das nicht nur zufällig – noch bestehen möchten.

Nachfolgend habe ich einige grundlegende Punkte zusammengestellt, anhand derer Sie Ihre momentane Fähigkeit, Komplexität zu meistern, reflektieren können.

Dont's im Umgang mit Komplexität

- *Nach Helden suchen*
  Die «Great Man Theory» (⇒ **Glossar**) hat ausgedient, auch wenn wir so gern Heldenfilme schauen. Im Organisationsalltag ist die Begründung von Erfolg durch den oder die *Eine(n)* zu linear gedacht. Es gibt nichts anderes als Teamleistungen. Auch Führungskräfte sind ein Teil des Systems, nicht weniger, aber auch nicht mehr.

- *Symptom mit Problem gleichsetzen*
  Wir haben unser Umsatzziel verfehlt. Wir finden keine neuen Mitarbeitenden. Wir halten unsere Verabredungen nicht ein. Zu schnell springen wir auf die ersten Symptome, die sich zeigen. Die liegen schließlich gut sichtbar an der Oberfläche, denn es sind die Ereignisse, die wir erleben. Komplexitätsgerecht lösen wir Probleme jedoch ursächlich. Dazu braucht es manchmal Ruhe und Zeit, um tiefer zu graben und ganzheitlich zu denken.

- *Viel tun*
  Blinder Aktionismus ist kein guter Ratgeber, weil wir im Handeln üblicherweise nicht mehr denken. Das haben wir ja vorher getan. Um ein komplexes System zu begreifen, braucht es aber eine Betrachtung über die Zeit, aus diversen Perspektiven und verschiedene Hypothesen. Das bedarf eines gewissen Maßes an Zeit.

- *Methoden zum Erfolgsrezept erklären*
  Manchmal sind sie bloß Feigenblatt, aber häufig werden Methoden in den Fokus des Erfolges gerückt. *Scrum hat uns so flexibel gemacht. Mit dem Spotify-Modell haben wir uns zu einem mitarbeiterzentrierten Unternehmen gewandelt.* Und wenn das nicht geklappt hat, probieren wir die nächste Methode – und machen das viel lieber, als unser Denken infrage zu stellen. Dabei liegen Erfolg und Misserfolg nicht in den genutzten Methoden begründet.

- *Nur linear denken*
  Die Zukunft schreibt sich eben nicht linear aus der Vergangenheit fort. Das erleben wir täglich. Im Organisationsalltag handeln wir jedoch oft gegen dieses eigene Erleben und planen linear auch über lange Zeithorizonte. Das ist für einfache Kontexte in Ordnung, in Komplexität brauchen wir Entscheidungen im Hier und Jetzt, deren Überprüfung und Korrektur in kurzen Zyklen.

- *Ausweichen, wenn es komplex wird*
  Haben wir nicht sofort den Durchblick bei einer Aufgabe oder einem Problem, tendieren wir mitunter zum Ausweichen. Folgende Strategien sind dabei sehr beliebt:

Ablenken: Wir lenken den Fokus von uns oder unserem Projekt auf andere Kollegen oder Lieferanten. Sollen die doch erst einmal was tun, dann können wir auch.

Kleinschrittig planen: Wenn wir mehr Details haben, entsteht wieder Überblick. Die Gefahr, dass wir uns im Detail und damit den Blick für das große Ganze verlieren, ist groß.

Formale Methodik beschwören: Wir müssen uns strikt an den Scrum-Guide halten, sonst kann das agile Arbeiten nicht klappen. Eine Abweichung wird dann zur Erklärung für Nicht-Gelingen.

«Das haben wir schon immer so gemacht»: Auch wenn wir über Dekaden hinweg auf eine bestimmte Weise erfolgreich waren, muss das nicht so bleiben. Hat sich der Kontext verändert, greift das alte Rezept nicht mehr.

Do's im Umgang mit Komplexität

- *Reflexion, Reflexion, Reflexion*
  Was haben wir uns gedacht, als wir die Maßnahme entschieden haben? Welche Grundannahmen und Überzeugungen leiten uns? Welche Erfahrung haben wir so gemacht? Was und auf welcher Ebene verändern wir uns wieder? (⇒ **1. Reflect**)

- *Geduld*
  Nicht immer zeigen unsere Interventionen auf der Stelle eine Wirkung. Komplexe System reagieren oft zeitverzögert. Auch menschliches Verhalten stellt sich nicht per Klick auf Neues um.

- *Nicht-Wissen ist der Normalzustand*
  Unwissenheit kann uns schon einmal Angst machen. Haben wir doch bisher kaum gelernt «keine Ahnung» zu haben, vor allem als Kollektiv. Wir dürfen also aufmerksam sein, um nicht in einfache Erklärungen (*Mitarbeitende wollen sich nicht verändern*) zu verfallen oder an Methoden festzuhalten, obwohl wir längst wissen, dass sie so nicht funktionieren.

Prinzipien für den organisationalen Diskurs

- *Transparenz herstellen*
  Open-Book Management (⇒ **Glossar**) als Basis für die Zusammenarbeit. Jeder und jede kann sich sämtliche Daten besorgen. Wer macht was, wo stehen wir, wie geht es uns wirtschaftlich und so weiter.

- *Komplexität ist Kontext*
  Probleme und Situationen erschließen sich nicht über eine singuläre Betrachtung. Wir müssen sie in ihren Zusammenhängen beleuchten und erfassen. Was damals passend war, muss es heute nicht mehr sein. Was woanders funktioniert hat, zeigt hier keinen Erfolg. Es ist und bleibt eine Frage des Kontextes.

- *Mal angenommen …*
  Ich nehme an, dass … statt *Das ist so …* Hypothesen bilden, sie überprüfen, verwerfen, anpassen und neue bilden. Das vermeintliche «Wissen um die Zukunft» ist eine Einbahnstraße, die sich leicht als Sackgasse entpuppen kann. Ein vielfältigeres Bild entsteht aus Hypothesen, wenn wir sie auch als solche behandeln.

- *Diversität forcieren*
  Divers ist jede Organisation. Wie sehr sie sich bemüht, daraus Konformismus zu machen, ist eine andere Frage. Gerade im Hinblick auf Sichtweisen, Meinungen, Ideen und Überzeugungen braucht Komplexität die Auseinandersetzung der Vielfalt.

- *Verantwortung übernehmen*
  Wir tragen die Verantwortung für unser Weltbild, unser Verhalten und unsere Meinungen, denn wir konstruieren unsere Wirklichkeit selbst. Gleichzeitig tolerieren wir das Weltbild der anderen als ihr eigenes. Objektivität ist eine Illusion.

Aus Einfachheit kann Komplexes entstehen

Manches Mal folgt das Lösen komplexer Aufgaben ganz einfachen Regeln. Wenn Ameisen auf dem Weg zum Futter eine «Kluft» überwinden müssen, dann gibt es auch hierfür keine zentrale Steuerungseinheit. Die erste Ameise, die irgendwo abzurutschen droht oder nicht weiterkommt, krallt sich fest. Ihr Verharren auf der Stelle signalisiert der nachfolgenden Ameise, ein Stück weiterzukommen, indem sie auf ihr läuft. Auf diese Art und Weise verhaken sich viele dieser Tiere ineinander und bilden unglaubliche Brücken oder Flosse.

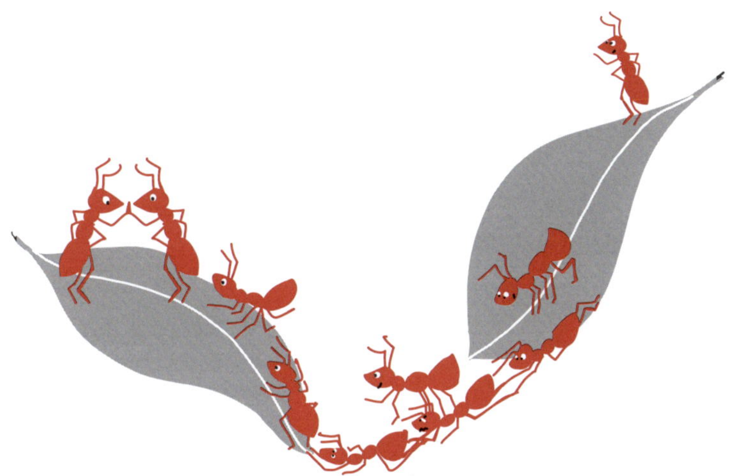

Eine Ameise allein kann keine Kluft überwinden, als Kollektiv schon

Unsere menschlichen Gehirne sind, zum Glück, größer und leistungsfähiger als das der Ameise, sodass wir über mehr Fähigkeiten verfügen. Die sollten wir aktiv nutzen, um unsere Zusammenarbeit weiter zu verbessern.

Die Zumutung beginnt bei uns, beim Aushalten, Aushandeln, Abschiednehmen, uns überfordern mit Meinungen und Informationen. Und beim gemeinsamen Denken, immer wieder!

DIE ERKENNTNISSE IN KURZFORM

- Komplexe Changes lassen sich nicht über Trainings und Seminare für die Menschen lösen.
- Das «Mindset» ist weder das Problem noch die Lösung.
- Glück und Selbstverwirklichung sind nicht Aufgaben der Organisation.
- Veränderungsvorhaben benötigen eine gute Balance aus Sachebene und Emotionen. Die Emotionen zum Maßstab zu erheben, ergibt keinen Sinn.
- Wir können den Menschen zutrauen und zumuten, Komplexität zu meistern.
- Die Zukunft ist eine Herausforderung für das Kollektiv. Die Idee vom Helden ist obsolet.

#8 Die Antwort auf Komplexität ist ...

... mehr Komplexität und Komplexitätsreduktion. Das mag widersprüchlich klingen, aber wir leben beide Strategien, täglich. Stellen Sie sich vor, Sie sollten den Zustand Ihres aktuellen Projektes vollumfänglich beschreiben. Das wird Ihnen nicht gut gelingen, denn Sie müssten sämtliche Wirkbeziehungen erfassen und betrachten. Das sind schlichtweg zu viele, weshalb wir immer nur einen Ausschnitt in den Fokus nehmen. Die Frage danach, wie es denn so läuft im Projekt, wird dann meist mit einem oder maximal zwei Aspekten beantwortet. Je nachdem, was uns gerade umtreibt. Die Antworten reduzieren die Komplexität. Auf der anderen Seite brauchen wir immer wieder eine höhere Komplexität, mehr Wahlmöglichkeiten. Begegnen wir einer Situation, wie eine Budgetkürzung sie beispielsweise darstellt, immer nur mit einer Lösungsidee (mehr Budget), kommen wir schwerlich vorwärts.

Wie wir Komplexität, als Individuen und als Organisation erhöhen oder reduzieren, entscheidet über Lebensfähigkeit. Das sind viele starke Thesen in wenigen Sätzen, die einer ausführlicheren Betrachtung bedürfen. Dabei ist zu differenzieren, wie wir als Individuen auf Komplexität reagieren können und was für Organisationen ein komplexitätsgerechtes Agieren ist. Um es vorab deutlich zu machen: beide Strategien sind notwendig. Sie sollten uns bewusst sein und ab und zu auf ihre Passung zur aktuellen Situation überprüft werden.

Wenn Komplexität uns zu überfordern scheint

Am 2. Januar 2024 kollidiert ein Passagierflugzeug mit einem Flieger der Küstenwache auf dem internationalen Flughafen von Tokio-Haneda. Das Passagierflugzeug der Japan Airlines fängt sofort Feuer. Es sind 367 Insassen und 12 Crewmitglieder an Bord. Einige werden verletzt geborgen, aber alle Passagiere können gerettet werden. Die fünf Besatzungsmitglieder an Bord des Fliegers der Küstenwachen kommen dagegen ums Leben. Ihr Pilot überlebt schwer verletzt.

Die allererste Frage, die bei Ereignissen dieser Art im Raum steht, lautet: *Wie konnte das geschehen und wer ist schuld?* Ein japanischer Experte stellte nüchtern fest, dass entweder die Piloten oder die Fluglotsen schuld seien. Die Sicherungssysteme seien schließlich so auf Unfallvermeidung konzipiert, dass bei korrekter Befolgung nichts schieflaufen könne. Ende der ersten öffentlichen Analyse. Es bleibt vieles unklar, aber schnell ist als Ursache «menschliches Versagen» festgelegt und so die vermeintlich wichtigste Frage beantwortet. Das Warum ist geklärt und unser menschliches Bedürfnis nach kurzer, knapper Erklärung befriedigt.

Lassen Sie einige Gespräche über Probleme in Ihrer Organisation Revue passieren, dann fällt vermutlich auf, wie schnell auch in diesem Kontext nach dem Warum gefragt wird und wie ebenso schnell eine Antwort darauf im Raum ist. Die Erstbeste wird dann häufig akzeptiert. Das macht die Ursachenforschung schnell und einfach. Leider kommen wir so der tatsächlichen Ursache meist nicht mal nahe. Wir begnügen uns, verpassen aber die Gelegenheit, etwas zu lernen.

Im Umgang mit Komplexität führt uns diese Kausalitätserwartung als unser «angeborener Lehrmeister», wie Konrad Lorenz (Lorenz, 1997) es ausdrückte, manches Mal in die Irre. Denn wir vereinfachen, wo es komplex ist. Komplexität überfordert uns. Das zumindest höre ich immer wieder, wenn Menschen der Durchblick fehlt, Dinge unklar sind, viele Möglichkeiten bestehen oder Überraschungen auftauchen. *Wir müssen die Komplexität reduzieren*, scheint die logische Schlussfolgerung. Das ist sie nicht, wenngleich wir das fortlaufend tun und uns dessen selten bewusst sind. Der Wunsch nach Klarheit und einfachen Ursache-Wirkungs-Zusammenhängen ist nachvollziehbar. Nur ist Komplexität dabei nicht das Problem. Und sie bleibt. Höchste Zeit also, Freundschaft mit ihr zu schließen und sie zu meistern. Dazu gehört ein Bewusstsein für unsere üblichen Strategien der Komplexitätsreduktion, denn ganz ohne kommen wir nicht aus. Meine drei Favoriten dieser Strategien sind **Wahrheit**, **Vertrauen** und **Trivialisierung**.

«Das isso!»

Thomas von Aquin wird der Satz «Die Wahrheit ist unkomplex» zugeschrieben. Was wir für wahr ansehen, macht uns das Leben leichter. *Bonusprogramme in Organisationen sorgen für motiviertes Arbeiten. Führungskräfte motivieren ihre Mitarbeitenden. Agilität ist die Zukunft des Projektmanagements.* Es geht in diesen Fällen, mal wieder, um Konstruktionen und nicht um Fakten. Die Wahrheit reduziert Komplexität, denn egal wie wir zu Bonusprogrammen stehen, wir brauchen das Thema nicht fortlaufend zu durchdenken. Wir haben uns für eine Wahrheit entschieden.

In unseren Organisationen existieren jede Menge kollektiver Wahrheiten (*So sehen wir das hier*), die immer wieder bestätigt werden. Wir brauchen diese Wahrheiten, um zusammen zu arbeiten, zu agieren, zu entscheiden. **Müssten wir jeden Aspekt stets neu aushandeln, bliebe Wertschöpfung eine Utopie**. Gleichzeitig ist die Wirkung unserer Wahrheiten stark, denn die meisten haben wir im Unterbewussten abgespeichert. Aus genau diesem Grund dürfen bestimmte Wahrheiten im organisationalen Diskurs bewusst gemacht und auf den Prüfstand gestellt werden. Das, was gestern passende Wahrheit war, kann morgen hinderlich sein.

«Denen kannst du voll vertrauen!»

Das Thema Vertrauen steht in beinah jedem Workshop auf der Agenda und in Organisationen boomt seit Jahren die «Vertrauenskultur». Führungskräfte sollen ihren Mitarbeitenden vertrauen, um gute Führende zu sein. Mitarbeitenden nimmt sie Sorgen und fördert Innovation. Dabei beschäftigen sich die vielen Artikel und Videos mal wieder vornehmlich mit der Frage, «wie das geht». Die Antworten darauf sind denkbar trivial: von aktivem Zuhören bis Vorbild sein, ist alles dabei.

Nun ist es mit dem Vertrauen aber nicht so simpel, auch wenn es als Prozess für Einfachheit sorgt. Vertrauen wir einem Menschen oder einer Organisation, dann müssen wir nicht jedes Detail bewerten oder hinterfragen. Wir blenden einen Teil der Wirklichkeit aus, was die wahrgenommene Komplexität reduziert. Dabei vertrauen wir immer auf eine Handlung und das gelingt nur in einem gewohnten Umfeld. Vertrauen hat einen starken Vergangenheitsbezug, projiziert aber gleichzeitig in die Zukunft.

Es ist ein Prozess des Beobachtens, Vertrauen ist nicht An oder Aus. Wir schauen sehr genau, ob eine Person oder Organisation zuverlässig ist. «Practice what you preach» wird fortlaufend betrachtet, und Vertrauen gegeben oder auch wieder entzogen. Beides, Vertrauen und Misstrauen, haben dabei dieselbe komplexitätsreduzierende Funktion. Die Maßnahmen sind nur andere. So ist Misstrauen an der Menge von Kontroll- und Regelungsvorgaben beobachtbar. Auch einer Organisation wird vertraut, mehr oder weniger. Verlässliche Entscheidungs- und Kommunikationsstrukturen und grundlegende Werte sind das, wonach die Menschen dort suchen.

«Lasst es uns einfach halten!»

Das muss doch auch einfach gehen. Kaum eine Idee ist so beständig und beliebt in unseren Organisationen. *Wenn wir doch nur ein paar klare Regeln für unsere Meetings aufstellen würden, liefe es besser. Für Innovation brauchen wir einen guten Prozess. Und wenn ein Fehler auftaucht, müssen wir gut analysieren.* Im Organisationskontext sind wir so sehr an Trivialisierung gewöhnt, dass sie uns oft nicht einmal auffällt. Das Problem hierbei ist, dass komplexe Systeme sich nicht wie triviale verhalten, egal wie sehr wir das wollen. Wenn wir Kausalität unterstellen, wird uns die Komplexität verärgern.

> «Alle Maschinen, die wir konstruieren oder kaufen, sind hoffentlich triviale Maschinen. Ein Toaster sollte toasten, eine Waschmaschine waschen, ein Auto sollte in vorhersagbarer Weise auf die Handlungen seines Fahrers reagieren. Und in der Tat zielen alle unsere Bemühungen nur darauf, triviale Maschinen zu erzeugen oder dann, wenn wir auf nicht-triviale Maschinen treffen, diese in triviale Maschinen zu verwandeln.» (von Foerster 1993).

Heinz von Foerster warnte zeitlebens davor, dass wir Menschen uns gegenseitig trivialisieren. Das führe unweigerlich zu Blindheit, und zwar gegenüber der Blindheit. Er führte beispielsweise das Milgram-Experiment (⇒ **Glossar**) an, in dem nachgewiesen wurde, dass ein spezieller Kontext bedingungslosen Gehorsam erzeugen kann. Die Probanden des Experimentes kamen nicht mal mehr auf die Idee, Wahlmöglichkeiten zu haben. Überspitzt formuliert bedeutet das, dass Menschen, die wie triviale Maschinen konditioniert werden, jede Verantwortung für ihr Handeln abgeben.

«Handle stets so, dass die Anzahl der Wahlmöglichkeiten größer wird» war von Foersters Credo (von Foerster, 1993) und lädt uns ein, unsere Organisation einer genauen Beobachtung zu unterziehen. Wie betrachten wir die Organisation? Wie behandeln wir die Menschen darin? Welche Rolle spielen all die Eignungstests, Qualifizierungen oder Persönlichkeitsanalysen? Welche Werkzeuge zur Trivialisierung nutzen wir?

Gleichzeitig können wir auf Vereinfachung nicht verzichten. Das Anlernen an einer Produktionsmaschine beispielsweise ist ein notwendiges Trivialisierungsprogramm. Hier zeigt sich dann aber auch, ob die Idee der trivialen Maschine für die gesamte Organisation und ihre Menschen gilt. Was geschieht an der Maschine im Fehlerfall? Darf der Mitarbeitende kreativ werden, um das Problem zu lösen oder hat er gelernt, zu vertuschen, weil hier Fehler nicht erwünscht sind?

Wir alle nutzen und brauchen Strategien, um Komplexität zu reduzieren. Wollen wird gemeinsam komplexe Aufgaben lösen, wie es beispielsweise grundlegende Veränderungen in der Organisation sind, brauchen wir ein wenig unserer Aufmerksamkeit genau hierauf.

Organisation und Komplexität

Warum können Sie beim Unternehmen Apple eigentlich kein Gemüse kaufen? Und warum gibt es beim Bäcker nur Backwaren und einige ausgewählte Lebensmittel, aber keine Smartphones? Menschen wollen schließlich frühstücken und telefonieren. Der Bedarf wäre vorhanden. Mit diesen rhetorischen Fragen möchte ich Ihre Aufmerksamkeit auf die Komplexitätsreduktion von Organisationen lenken.

Keine Organisation kann auf alle Impulse im Außen reagieren. Keine Organisation kann alle Daten ihrer Umwelt beachten. Um das System zu sein und zu bleiben, dass sie ist, gab es viele Entscheidungen, die in Beziehung zueinanderstehen und nicht mehr ständig hinterfragt werden. Wir sind Borussia Dortmund, unsere Farben sind schwarz und gelb, wir haben einen Trainer nebst Stab und bei jedem Bundesligaspiel sind elf Spieler von uns auf dem Platz. Der BVB beschäftigt sich mit Fußball. Als Organisation betrachtet er die Bundeliga, die Fifa oder den Transfermarkt. Der Anbau von Zimt in Vietnam ist dagegen nicht von Interesse für diese Organisation.

Jede Organisation entscheidet, was sie tut, was nicht, welche Rollen und Funktionen es dafür braucht und woran sie sich orientiert. Das bedeutet auch, dass viele Dinge in der Umwelt gar nicht betrachtet, geschweige denn durchdacht werden. Das ist auch gut so. Kümmerte sich eine Organisation um Alles, würde sie den Wärmetod sterben, weil der Grad an Zufälligkeit zu extrem wäre. Die Umwelt würde zwar sehr viel geordneter, wenn wir bei Borussia Dortmund Fußball bekommen, aber auch Smartphones, Gemüse und Zimtschnecken. Für das Unternehmen als System ist es eine komplette Überforderung, auf alle Bedürfnisse zu antworten. Komplexitätsreduktion, so kann man sagen, sorgt für ein handhabbares Maß an Ungewissheit und Zufälligkeit in der Organisation.

Schauen wir tiefer in ein Unternehmen hinein, dann haben diverse Sub-Firmen, Abteilungen und Projekte ihre eigenen Mechanismen der Komplexitätsreduktion entwickelt, orientiert an den Vorgaben der Organisation. Die interne Komplexität steigt gleichzeitig mit der Größe der Organisation. Jeder Bereich und jede Abteilung grenzt sich wiederum gegenüber den Teilsystemen und der Umwelt ab. Sie alle entwickeln ihre jeweilige Identität und entscheiden, was nicht mehr fortwährend entschieden werden muss. Dazu werden kollektiv Mechanismen wie Wahrheit, Macht, Normen, Rollen oder auch Vertrauen zur Komplexitätsreduktion genutzt.

Die Schattenseite ist leicht ausgemacht. **Für das, was eine Organisation nicht betrachtet, ist sie blind.** Sie sieht nicht mehr, was sie nicht sieht. Einmal etablierte Routinen werden gern beibehalten. Die Frage also lautet: Wie aufmerksam sind wir auf unsere Art Komplexität zu reduzieren? Wie wach ist eine Organisation für Trends, sich andeutende Krisen? Und wie verliebt in den eigenen Erfolg?

Wie werden vor diesem Hintergrund wohl Diskussionen um eine anstehende Veränderung laufen? Wie immer! Anschluss findet in der Kommunikation wahrscheinlich das, was leicht scheint. Was aber, wenn das Alte nicht mehr passend ist? Dann spätestens kommen wir mit der etablierten Reduktion der Komplexität nicht mehr weiter. Deren Gegenspieler, die Erhöhung der Komplexität beziehungsweise das Einblenden dessen, was zuvor durch Reduktion ausgeschnitten wurde, ist vielerorts noch nicht etabliert. Hier zeigt sich ein typisches Versäumnis im Umgang mit Komplexität. Denn es gilt die Varietät eines Systems zu betrachten.

Das Gesetz der erforderlichen Varietät

Im kybernetischen Sinne ist die Varietät gleich der Anzahl möglicher Zustände eines Systems. Ashby's Gesetz besagt nun, dass der Vorgang, um ein System steuern (engl. control) zu können, ebenso vielfältig oder vielfältiger sein muss, wie das System selbst.

$$V\ (\text{Controller}) \geq V\ (\text{Context})$$

Ein simples Beispiel soll es greifbar machen. Betrachten wir einen Toaster, der nicht funktioniert. Es liegt also ein Fehler vor, mit dem wir umgehen müssen.

Fall 1: Sie stellen fest, dass der Stecker nicht in der Steckdose ist und beheben «das Problem». Die Varietät des Systems ist gleich der Varietät des Controllers.

Fall 2: Sie prüfen, ob der Stecker in der Dose ist. Das ist dieses Mal der Fall, also muss es eine andere Fehlerursache geben. Sie stellen fest, dass das Kabel selbst defekt ist. Sie haben ein Toaster-Kabel in Reserve und die Fähigkeit, das eine durch das andere zu ersetzen. Die Varietät des Systems war höher, die des Controllers ebenfalls.

Fall 3: Der Toaster funktioniert nicht. Sie kontrollieren den Stecker und das Kabel, aber es ist ein nicht sichtbares Bauteil, das defekt ist. Sie sind kein Experte für Elektronik und haben somit kein «Modell», um den Defekt zu beheben. Die Varietät des Systems ist größer als die des Controllers. Sie können also den Toaster nicht steuern.

Wenn in Ihrer Organisation beispielsweise die Mitarbeitenden frei wählen können, ob sie im Büro, zuhause, hybrid, fünf Tage oder vier arbeiten, dann muss das Management mit all diesen Eventualitäten umgehen können. Sind Ihre Führungskräfte von der Vielfalt überfordert oder erhalten ihre Anerkennung für «alles unter Kontrolle haben», wird es leidige Konflikte bei der jeweiligen Wahl des Arbeitsmodells geben.

Die Varietät in der Umwelt einer Organisation ist theoretisch unendlich. Zwangsläufig entsteht also eine Diskrepanz zwischen Umwelt, Organisation und Management, die über Komplexitätsreduktion und -erhöhung ausgeglichen werden muss. Es ist die hohe Kunst des Managements immer wieder mit der Erhöhung der organisationalen Varietät auf die Komplexität «da draußen» zu reagieren und im passenden Moment wieder zu reduzieren. Deshalb ist organisationaler Diskurs so ein mächtiges Instrument, das gleichzeitig aber nicht als Schablone dienen kann. Die Organisation zielgerichtet in einen Diskurs einzuladen, erhöht die Varietät. Die gilt es aber auch wieder «einzufangen» und mit transparenten Entscheidungen den neuen Weg auszuschildern.

«Only variety can destroy variety»
(W. Ross Ashby)

Sind wir also mit Problemen oder Aufgaben konfrontiert, für die wir keine Lösung kennen, haben wir es wieder mit einem hohen Grad an Ungewissheit zu tun. Die eventuell zu starr gelebte «Ordnung» wird ausgehebelt, informelle Netzwerke entstehen, Prozesse werden umgangen – die Menschen finden kreative Wege, um ein Problem zu lösen. Ist doch normal, mögen Sie denken. Das ist es, weil häufig nicht über die notwendige Varietät und wie sie zu erreichen ist, nachgedacht wird.

In einem Versicherungsunternehmen stand die Einführung agiler Arbeitsweisen auf diversen Ebenen an. Die CIO hatte zunächst entschieden, dass die deutsche Landes-IT für sich allein agil wird. Das globale Headquarter, die Business-Bereiche und auch die meisten Lieferanten wurden nicht einbezogen. Lediglich HR und der Betriebsrat wurden involviert. Mehr Komplexität wollte die CIO zu dem Zeitpunkt nicht meistern müssen. Sie selbst entwarf ein Zielbild der zukünftigen agilen IT-Organisation hinsichtlich Aufbau- und Ablauforganisation. Dann involvierte sie den gesamten IT-Bereich. Einladungsbasiert konnten sich sämtliche Mitarbeitenden beteiligen und so das Zielbild erweitern, verbessern und zur Diskussion stellen. Das Ergebnis war eine deutlich andere Lösung, als die CIO kreiert hatte, was sie vollumfänglich akzeptierte.

Als die finale Abstimmung mit den Business-Bereichen anstand, gab es eine große Überraschung. Deren Vertreter nämlich sagten klar: *Nicht ohne uns. Wenn Ihr agil werdet, werden wir das auch.* Challenge accepted, die Varietät wurde erhöht und die Anforderungen, Erwartungen und Bedürfnisse der Business-Bereiche inkludiert.

Es braucht heute einen entspannten Umgang mit Komplexität und eine gute Balance zwischen ihrer Reduktion und Erhöhung. Eines darf uns dabei ebenfalls bewusst sein: Diese Prozesse sind nicht umkehrbar. Wir können uns bestimmte Ursache-Wirkungs-Zusammenhänge rückblickend erschließen. Würden wir aber den Prozess vom Ende her starten, kämen wir nicht am tatsächlichen Anfang raus.

Tiefgreifende Veränderungsvorhaben, die bestehende Normen und Überzeugungen einer Organisation tangieren, benötigen ein passendes Denkmodell, viel Energie, Geduld, das passende Maß an Komplexität und Varietät. Ein guter Zeitpunkt in diesem Buch also, um mit Ihnen in **Teil 2** einzusteigen und den organisationalen Diskurs als Schlüssel zum Change vorzustellen.

DIE ERKENNTNISSE IN KURZFORM

- Menschen und Organisationen reduzieren Komplexität. Es ist nicht möglich, auf alles zu reagieren, weshalb wir nur Ausschnitte betrachten und bearbeiten.
- Vertrauen, Misstrauen, Strategien oder Simplifizierung sind entsprechende Mechanismen.
- Wie wir gemeinsam Komplexität reduzieren, ist eine wesentliche Frage, die über Erfolg und Misserfolg entscheiden kann.
- Jede Organisation benötigt ein Maß an Komplexität, um die Kundenprobleme «da draußen» und interne Notwendigkeiten lösen zu können.
- Grundlegende Changes sind komplex und brauchen mindestens denselben Grad an Komplexität in der Organisation.
- Die Antwort auf Komplexität ist eine gute Balance aus Komplexitätsreduktion und Erhöhung der Varietät.

ZWEITER TEIL

Wer
Was
Wie
Tabus
Irritieren
Respekt
Deklarieren
Friedhof
der alten Meinungen
gemeinsam
Erforschen
kollektive
Bewertung
gemeinsam
Denken

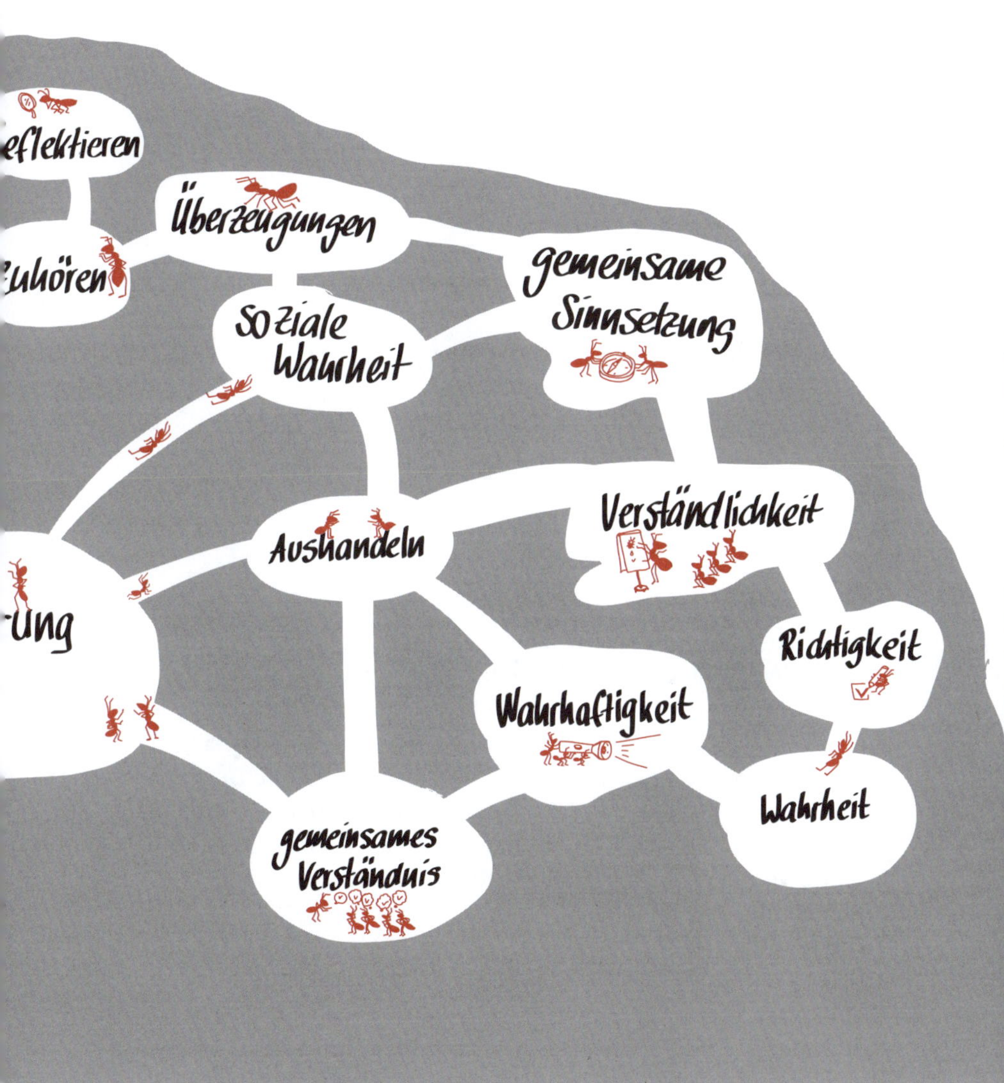

Der organisationale Diskurs als komplexes Instrument für grundlegende Changes

ORGANISATIONALER DISKURS

Eines habe ich in der Vergangenheit gelernt; es ist nicht trivial, über organisationalen Diskurs zu sprechen oder auch zu schreiben. Schon mit dem Begriff Diskurs werden blitzschnell klassische Kategorien getriggert, und meine Gesprächspartner versuchen eine eindeutige, klar abgrenzbare und bekannte Zuordnung zu finden. *Ah, ein Lernansatz, eine Gesprächsform, eine Moderationstechnik, ...?* Nein, das alles nicht ...- und doch viel mehr.

Bevor wir uns gleich Zeit nehmen, um das vielschichtige Konstrukt Diskurs von allen Seiten zu betrachten, versuche ich hier eine kurze Beschreibung.

Organisationaler Diskurs ist das geltende Regelwerk einer Organisation in Bezug auf «über **WAS** wird **WIE** gesprochen, und **WER** darf reden». Diskurse sind demnach immer existent, zu allen möglichen Themen. Sie bestimmen den praktischen Diskurs, der seinerseits auf das Regelwerk des organisationalen Diskurses zurückwirkt.

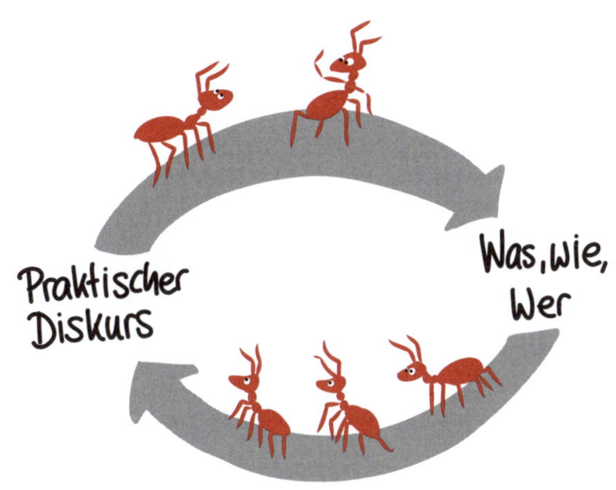

Der praktisches Diskurs wirkt auf das Regelwerk und umgekehrt

Die existierenden Diskurse zu beobachten, zu analysieren, Annahmen daraus zu bilden und Interventionen abzuleiten, ist ein wichtiger Hebel für Veränderung. Organisationaler Diskurs setzt beim praktischen Diskurs an, um das kollektive Handeln und Denken zu reflektieren und gegebenenfalls neu oder anders zu verabreden. Ich brauche wohl nicht zu erwähnen, dass dieser Prozess ebenfalls nicht trivial ist und jede Menge Stolperfallen bereitstellt, damit alles beim Alten bleiben kann.

Der praktische Diskurs, also die tatsächliche kommunikative Auseinandersetzung zwischen Menschen zu einem Thema findet in einem Prozess statt, der hochreflexiv und iterativ ist. Es ist eben kein «Heute machen wir mal einen Diskurs»-Workshop, sondern ein didaktisch durchdachter Prozess in den vier Schritten **Reflect – Irritate – Declare – Agree** in jeder Iteration. Die geltenden Normen und Bewertungsmuster müssen zunächst an die Bewusstseins-Oberfläche, um betrachtet werden zu können. Damit überhaupt Impulse für neues Handeln und Denken entstehen können, müssen wir «gestört» werden. Das gilt für uns als Individuen genauso wie für Systeme. Dann werden diverse Meinungen und Sichtweisen im Raum sein. Das Ziel ist, daraus eine Einigung zu erzielen. Das ist nicht notwendigerweise Konsens und totale Übereinstimmung. Im Gegenteil, es geht im Diskurs auch immer darum, eine passende Idee oder Lösung zu erarbeiten, mit der alle gut arbeiten können.

Die Menschen kommen in selbstorganisierten Kleingruppen zu mehreren Sessions zusammen. Kein Trainer, Coach oder Facilitator begleitet sie, trotzdem wird die Gruppe geführt. Im praktischen Diskurs werden keine Entscheidungen getroffen und es ist für alle transparent, wozu und mit welchem Ziel die Auseinandersetzung initiiert ist. An dieser Stellte bricht der Ansatz mit vielen der üblichen Settings und ich werde selbstverständlich ausführlich darlegen, warum ich das für notwendig halte.

Organisationaler Diskurs ist im Wesentlichen eine Haltung, absichtsvoll, themenzentriert und ergebnisoffen. Sein übergeordnetes Ziel lässt sich am besten mit **«gemeinsame Sinnsetzung»** benennen. Damit das gelingt, braucht es ein transparentes WOFÜR, ein Verständnis seiner theoretischen WURZELN, einen klaren PROZESS und ein entsprechendes SETTING. Am Ende ist es die Dynamik des organisationalen Diskurses, die wirksame Veränderung wahrscheinlich macht.

Es gibt also viel zu bedenken und zu betrachten und das sowohl abstrakt als auch praktisch. Lassen Sie uns losdenken.

DIE WURZELN DES ORGANISATIONALEN DISKURSES

Eine Gruppe von Führungspersonen, darunter Standortleiter, Produktionsleiter, Geschäftsführer, Leiter und Leiterinnen von IT und HR, kommen für zwei Tage zusammen, um unterschiedliche Themen zu beleuchten.

Die Themen werden aufgelistet, nacheinander angesprochen und diskutiert. Nicht immer sind alle beteiligt, auch weil nicht jedes Thema für alle relevant ist. In manchen Gesprächen werden Worte wie *könnte, man müsste mal* oder *im Grunde genommen* häufig verwendet. *Das können wir hier jetzt nicht entscheiden, wir brauchen erst noch Daten* oder *Das ist ja nur das Thema von X und Y, das müssen wir hier nicht besprechen* sorgen dafür, dass kein Punkt von der Agenda umfassend besprochen wird. Irgendwie landet die Gruppe bei ihrer «Meetingkultur», die vorab gar nicht als Thema benannt war. Es scheint ein gelungenes Ausweichmanöver zu sein, denn Bewegung kommt in die Runde und fast alle tragen etwas bei. Es wird vieles erörtert. Man habe zu wenig Zeit für zu viele Meetings. Schließlich könne man Einladungen nicht ablehnen oder etwas verpassen, wenn man nicht dabei ist. Schlimm seien die Veranstaltungen ohne Agenda, wenn man keinerlei Schimmer habe, was man da wohl soll. Man bräuchte ein paar Meetingregeln, dann wäre das Problem gelöst. Die Verabredung wird als To-do festgehalten und erleichtert die Beteiligten, weil nun auch eine Maßnahme formuliert ist und das schließlich wichtig sei.

Wie würden Sie das nennen, was Sie beobachtet haben? Ein ganz normales Meeting? Eine Unterhaltung, Diskussion, Streit, Besprechung, Debatte oder Diskurs? Oder ist es egal, weil die Begriffe vielleicht alle dasselbe meinen? Meine Bezeichnung: Geplapper. Die Gespräche bleiben an der Oberfläche, Ursachen werden nicht freigelegt, die Beteiligten sind verstrickt in nicht-ausgesprochene Erwartungen à la «wir müssen auf jeden Fall viele To-Dos verabreden». Es gibt keine Momente des Schweigens und Denkens, es ist ein ewiger Strom aus Wörtern, Phrasen und Platzhaltern. Dabei meinen es alle Beteiligten gut, davon bin ich überzeugt. Sie sind nur schlicht nicht darin geübt, sich selbst zu beobachten, in der aktuellen Situation zu reflektieren, ihren eigenen Standpunkt klar zu haben und gemeinsam ein (zumindest vages) Ziel zu verfolgen.

Selbstverständlich wird dabei fortlaufend besprochen, wie welche Veränderung von kleinem oder auch umfänglichem Ausmaß gestaltet werden soll. Viele intelligente, erwachsene Menschen sitzen ständig in Meetings und Workshops oder stehen vor Kanban-Boards. Und sie alle meinen es gut. Gleichzeitig erlebe ich immer wieder, wie all diese Besprechungen ergebnislos bleiben, keine Wirkung entfalten, Frust produzieren, belächelt werden und wieder von vorne beginnen. Manches Mal kommt ein Kommunikations-Trainer dazu, um für Ausreden lassen oder besseres Zuhören zu sorgen – das Spiel aber bleibt dasselbe.

Teams, Führungsrunden, Organisationen folgen ihren impliziten Regeln. Leider auch dann, wenn diese keinen Sinn stiften und die Bearbeitung tatsächlicher Probleme verhindern. Erstaunlich, denn es gibt selbstverständlich keinen offiziellen Auftrag, immer wieder über so etwas Banales wie Meeting-Kultur zu diskutieren. Es ist eben ein impliziter Teil des «Spieles», dem die Runde im obigen Beispiel folgt.

Die Liste an Beispielen unproduktiver Meetings, substanzfreier Workshops und vertaner Seminare lässt sich beliebig erweitern. Sie kennen die Aufführungen gespielter Partizipation, Positionsrangeleien und «den eigenen Kasten sauber halten». Alle Beteiligten sehen, hören und erleben den Schmerz solcher Veranstaltungen und rufen oftmals nach Meeting-Methoden, Abstimmungsverfahren oder anderen hoffentlich schmerzlindernden Anwendungen. Dabei liegt die Lösung eben nicht an der Oberfläche; nicht dort, wo wir sie, schnell und linear gedacht, gern hätten. Die Lösung ist vielmehr eine Haltung als ein Tool oder eine Methode. Die Lösung heißt organisationaler Diskurs.

Aus meiner Sicht macht es einen erheblichen Unterschied, ob wir diskutieren, streiten, debattieren oder plappern. Zudem sollte uns bewusst sein, welche Spielart von Kommunikation wir jeweils betreiben. Der organisationale Diskurs folgt bestimmten Prinzipien, hat einen Zweck, einen Fokus und eine gewisse Tiefe. Er ist nicht mit beliebigen anderen Formen der Kommunikation gleichzusetzen, weshalb ich im Folgenden die geläufigsten Begriffe klar gegen den Diskurs abgrenze und verdeutliche, warum es einen organisationalen Raum für sein Gelingen braucht.

Diskussion

Wir müssen unsere Strategie jetzt mal diskutieren, die diversen Sichtweisen voreinander bringen und das Ganze verabschieden. So oder ähnlich lauten viele Ermunterungen für Meetings und Workshops. Dort gibt es einen häufig schnellen Austausch von Argumenten im Pingpong Stil. Die vorgefertigten Meinungen werden mitgeteilt. Eher selten halten die Beteiligten Ihr Denken offen, denn eigentlich will jeder mit seiner Meinung hinterher auch wieder rausgehen. Wir brauchen Diskussionen. Vor allem dann, wenn wir schnelle Entscheidungen benötigen und die Argumente selbst nur noch einmal auf den Prüfstand sollen. Ist Diskussion jedoch die einzige Gesprächsart, wiegen ihre Nachteile schwer, sobald es um Zusammenarbeit, Veränderung und Kultur geht. Diskussionen zwingen uns zu einem Entweder-oder-Denken. Wollen wir das Eine oder das Andere? Sie sind auf einen baldigen Abschluss ausgerichtet, auf die Verabschiedung von To-do-Listen oder einen Konsens. Dahinter liegt der Gedanke, dass eine Ordnung schon da ist und nur gefunden werden müsse. Dieser Gedanke verhindert die tiefere Auseinandersetzung über Beobachtungen, Annahmen und das gemeinsame Denken.

Debatte

Diskussionen werden mitunter unproduktiv und mutieren zu Debatten. Dann geht es auch nicht mehr um einen Konsens, sondern um das Zerschlagen der anderen Argumentation und darum, als Siegender vom Platz zu gehen. William Isaacs (Isaacs, 2011) nennt als ein Paradebeispiel für Debatten die sogenannten «Abstraktionskriege». Die sind häufiger zu beobachten, als vielleicht zunächst vermutet. Vor Kurzem hatte ich in einem Managementteam mal wieder das Vergnügen, Zeugin einer solchen Unterhaltung zu werden. *Selbstorganisation ist totale Anarchie, da macht jeder, was er will,* konstatiert ein Teilnehmender. *Das stimmt überhaupt nicht, es ist lediglich eine Frage des Reifegrades,* kontert ein anderer. *Ne, ne, Sie dürfen ja nix mehr kontrollieren*, erwidert der erste. Ich erspare Ihnen den weiteren Verlauf, möchte aber Ihre Aufmerksamkeit für diese Gespräche herausfordern. Worum geht es bei den beiden denn überhaupt? Was versteht er unter Selbstorganisation und auch unter Anarchie genau? Reifegrad von wem oder was? Wo ist der Zusammenhang? Auf dieser Ebene der Abstraktion lassen sich abendfüllende Debatten veranstalten. Die führen nur nirgendwohin.

Ob Sie diskutieren oder debattieren, beide Gesprächsformen zeigen Schwächen, die sowohl eine intensive Problembetrachtung als auch das Finden passender Interventionen unwahrscheinlich machen, denn:

- die Grundannahmen eines Argumentes oder Standpunktes werden nicht ausgesprochen und bleiben damit unklar.
- die angeführten Begründungen haben nichts mit dem eigentlichen Argument zu tun.
- es wird wenig begründet, aber viel widersprochen.
- durch «Themenhopping» geht der Zusammenhang zwischen Argument und Ausgangspunkt verloren.
- es wird kein tatsächliches Problem adressiert.
- schnell werden Maßnahmen und To-dos mit unklarer Hebelkraft formuliert und abgenickt.

Dialog

Während es mir bei Diskussion und Debatte eher um eine Abgrenzung zum organisationalen Diskurs geht, hat der Dialog einen wesentlichen Einfluss darauf. Sobald es dialogisch wird, kommt man um den Physiker und Denker David Bohm, nicht herum. Das ist gut so, denn seine Bücher, Vorlesungen und Veröffentlichungen sind Sammlungen großartiger Denkimpulse. Im Vergleich zu Martin Buber, dessen Name ebenso eng mit Dialog verknüpft ist, hatte Bohm verstärkt die Zusammenarbeit in Gruppen im Blick, wenn er über dialogische Gespräche und gemeinsames Denken schrieb oder sprach. Eine eindeutige, allgemeine Definition findet sich für den Dialog nicht. Dennoch versuche ich den Begriff – im Bohm'schen Sinne – einzukreisen.

Der Dialog hat viele Wurzeln. Im Griechischen steht dia für *durch* und logos für *Wortsinn*. Somit ist es die gemeinsame Sinnsetzung, die mit Dialog angestrebt wird. Das mag vordergründig trivial klingen, ist aber die Basis für das einander Verstehen und kann somit gar nicht überbewertet werden. Im alten Griechenland fanden auf der sogenannten Agora öffentliche Gespräche statt, in denen um Ideen und Meinungen gerungen wurde. Gelebte direkte Demokratie und der Dialog als Prozess zur Lösungsfindung. Diese Aushandlungsprozesse wurden dann schwierig, als man nicht mehr direkt, sondern durch Vertreter verhandelte. Das Delegieren sorgte für eine Entkopplung des Einzelnen von seinen beziehungsweise ihren Interessen. Aus der Rolle «Delegierter» erwuchsen eigene Funktionen und Zwecke.

Sokrates, der einen Teil seines Lebensunterhalts aus den Spenden seiner Anhänger finanzierte, führte mit seinen Schülern Dialoge. Dabei war es seine Spezialität, Fragen zu stellen und immer weiter zu bohren, um so die Reflexion bei seinen Schülern anzuregen. So nahm er eine Antwort und erörterte dann in langen Monologen, warum der Antwortende falsch lag. Dann stellte er meist eine Ja-/Nein-Frage und ging wieder in einen Monolog. Das wiederholte sich so lange, bis der Schüler seine Unwissenheit und Unkenntnis eingestand. Sinn und Zweck waren für Sokrates nicht das Bloßstellen des Schülers (was tatsächlich aber so empfunden wurde), sondern das Hinführen zu eigenem Wissen.

Dialog ist als Begriff im Alltag gegenwärtig und die diversen Bedeutungen haben mit seiner Herkunft nur wenig gemein. *Da müssen wir zwei mal in einen Dialog gehen* ist eine gebräuchliche Floskel und meint nicht mehr als «mal drüber reden». Sucht man nach Synonymen für Dialog, tauchen zuerst Auseinandersetzung, Besprechung, Debatte und Diskussion auf. Während in Diskussionen und Debatten die Probleme oder Aspekte, um die es geht, in ihre Teile zerlegt werden, um die Unterschiede herauszuarbeiten, ist der Dialog genau anders angelegt. Hier geht es darum, das große Ganze zu erkennen und zu erarbeiten, dabei die Zusammenhänge und Wechselwirkungen zwischen den Teilen zu sehen. Werden in Debatten die eigenen Annahmen und Standpunkte verteidigt und die anderen Teilnehmenden überzeugt, werden sie im Dialog offengelegt und untersucht (also die Standpunkte, nicht die Teilnehmenden). **In der Debatte geht es darum, sich auf eine Bedeutung zu einigen, wohingegen im Dialog eine gemeinsame Bedeutung geschaffen wird.**

Für Bohm ist Dialog eben sehr viel mehr als ein gutes Gespräch, er ist gemeinsames Denken. Jeder Beteiligte vertritt seine Position, ist dabei aber bereit, sie zu überprüfen und aufzugeben. Sein Ziel für jeden Dialog war immer, den kollektiven Denkmustern auf den Grund zu gehen und sie, bei Bedarf, anzupassen.

Exkurs: Über unser Denken

Eine Schwierigkeit, die das Denken mit sich bringt, nennt Bohm *Fragmentierung*. Unser Denken ist darauf geprägt, die Dinge zu zerlegen und aufzuspalten. Jede Aufteilung ist das Ergebnis unseres Denkens. Gibt es etwa ein Naturgesetz, das Nationen hervorgebracht hat? Nein, sie sind Ergebnis unseres Denkens. Betrachten wir Organisationen, dann ist mehr als deutlich, dass all die Abteilungen, Rollen, Titel, Positionen, Mitbewerber, Märkte oder Projekte Denkergebnisse sind. Wir denken Organisation und Arbeit so und schaffen dann Strukturen, Prozesse und Abläufe. Nicht andersherum. Dabei tun wir aber häufig so, als seien bestimmte Aspekte quasi naturgesetzmäßig gegeben und unumstößlich.

Schlimmer noch, den vorgenommenen Trennungen, wofür auch immer sie mal gut waren, wird ein so hoher Stellenwert zugeschrieben, dass ein Infragestellen als Angriff gewertet wird. Wie sonst ist zu erklären, dass an so vielen unsinnigen Meetings, Excel-Tabellen und Prozessen festgehalten wird? Wir sind uns der Denkprozesse nicht bewusst, wir operieren nur mit deren Ergebnissen. Wenn wir also über ein Problem «erst nachdenken müssen», ist das bereits Teil desselbigen. Nun können wir natürlich allein alles Mögliche denken, aber der größere Teil unseres Denkens ist kollektiv. Unsere Grundannahmen, Überzeugungen, Vorurteile und Stereotype übernehmen wir aus Familie, Freundeskreisen, Vereinen, Schule, Organisationen und Gesellschaft. So gehen wir dann als Individuen mit all unseren Wahrheiten (die uns ja nicht zu jedem Zeitpunkt bewusst sind) in einen Dialog mit anderen. Die Meinungen und Annahmen widersprechen sich, heben sich auf und es gibt zu einem Aspekt zig verschiedene Blickwinkel. Der Dialog hat, wenn er entsprechend aufgesetzt und über eine Zeit gehalten wird, die Kraft, kohärente Kommunikation zu ermöglichen und das bedeutet, *gemeinsam zu denken*.

**«Das Denken bewirkt etwas,
sagt aber, ich war's nicht.»
(David Bohm)**

Prinzipien gelingender Dialoge

Ein gelingender Dialog basiert auf Prinzipien, die ein Kollektivdenken ermöglichen. Einige stelle ich Ihnen hier vor, wobei keines für sich aus einer Debatte oder einer Diskussion einen Dialog macht. Sie alle aber finden sich in gelungenen dialogischen Gesprächen wieder.

Annahmen suspendieren

Wir glauben, Dinge zu wissen. Wir glauben zu wissen, wie mit Fehlern konstruktiv umzugehen ist. Wir glauben zu wissen, wie Führung auszusehen hat. Wir glauben zu wissen, warum der Kollege regelmäßig bei Teamevents fehlt. Wir glauben zu wissen, ... All die Dinge, die für uns selbst so glasklar sind, dass sie nicht dauernd hinterfragt werden müssen, gehen in unser Unterbewusstsein über. Dann sind sie Teil unserer automatisierten Denk- und Verhaltensmuster. So in einen Dialog zu gehen, ist wenig hilfreich, denn höchstwahrscheinlich verteidigen wir unsere Meinung vehement und unreflektiert. Die passendere Möglichkeit besteht darin, die eigenen Gewissheiten zu suspendieren, sie quasi in der Schwebe zu halten. Sie weder zu verteidigen noch zu verdrängen. Es geht darum, die eigene Meinung mit all den zugrunde liegenden Annahmen so mitzuteilen, dass sie erforscht, beleuchtet und hinterfragt werden kann. Dazu bedarf es zweier Fähigkeiten, die wir alle besitzen, eventuell aber nicht ausreichend trainieren. Erstens, die Identifikation mit unseren Meinungen aufzulösen. Haben wir einmal einen Standpunkt eingenommen, dann tendieren wir dazu, uns mit unserer Meinung zu identifizieren. Greift jemand unsere Meinung an, kommt das einem persönlichen Affront gleich. Es gilt deshalb, alle Meinungen zur Verhandlungsware zu deklarieren und nicht stur daran festzuhalten.

Zweitens ist es notwendig, die Aufmerksamkeit auf das, was vor sich geht, zu lenken. Löst beispielsweise die Bemerkung eines anderen Menschen Wut oder Ärger aus, dann geht es darum, genau das wahrzunehmen und zu betrachten. In welchem Moment steigt die Wut auf? Welcher Trigger sorgt dafür? Was in mir springt an? Nicht reflexartig handeln, sondern beobachten. Der US-amerikanische Philosoph Donald Alan Schön nannte diese Praktik «reflection in action» – in einer konkreten Situation Distanz zu einer Bemerkung herzustellen und zu betrachten, was geschieht. Je mehr diese Fähigkeit geübt ist, desto intensiver wird der Austausch in einem Dialog. Für Gruppen bedeutet es, die Dinge an die Oberfläche zu holen, die für alle relevant sind. Denn auch Gruppen, Teams und Organisationen verteidigen ihre kollektiven Annahmen mitunter vehement. Das spätestens kennt jeder Beratende, der versucht eine neue Idee, Strategie oder Vorgehensweise zur Betrachtung zu stellen. Die Geschwindigkeit, mit der Argumente wie *das haben wir noch nie gemacht* oder *für uns wird das nicht gehen* auf dem Tisch liegen, ist erstaunlich. Ob Gruppe oder Individuum, schaffen wir es Standpunkte zu suspendieren und auch loszulassen, erreichen wir Flexibilität und ein Mehr an Möglichkeiten.

Verlangsamung und Schweigen

Und wenn niemand was sagt? Diese Frage ist nicht ungewöhnlich, wenn es um dialogische oder auch diskursive Arbeit in Gruppen geht. Denn viele Menschen verspüren in Gemeinschaft den Impuls, die Stille zu füllen. Sie macht Menschen mitunter nervös und wird als unproduktiv betrachtet. Dabei ist es im Dialog oft so, wie in der Musik. Es braucht die Stille, damit wir die Töne wahrnehmen. In einer dialogischen Auseinandersetzung sind es die Phasen des Schweigens, der Stille, in der Bedeutung klar wird, tiefe Fragen entstehen und auch Muster sichtbar werden. Wir können mit bewussten Phasen der Stille arbeiten oder zumindest das fortwährende Geplapper abzuschalten versuchen.

David Bohm war überzeugt, dass eine Gruppe ohne Verlangsamung nicht bis zu den gemeinsamen Denkmustern vorstoßen kann. Es braucht Zeit, Ruhe und Tiefe, um gemeinsam zu denken. In der Praxis finden sich in vielen Dialogrunden deshalb Klangschalen oder andere Artefakte, damit das Tempo der verschiedenen Redebeiträge gedrosselt wird und jeder Teilnehmende eine «Schweigezeit» erwirken kann.

Radikaler Respekt

Was geschieht, wenn eine Person die Gesprächsrunde betritt, von der Sie wissen, dass Ihre Meinungen weit auseinanderliegen? Wie offen sind Sie für einen intensiven Austausch? Die Antworten auf diese Fragen sind wichtig, denn hier entscheidet sich, wie mit «dem anderen» umgegangen werden kann. Respekt im dialogischen Sinne bedeutet, jede Person als solche vollumfänglich anzuerkennen. Egal welche Ansichten Sie und jemand anderen trennen mögen, Sie sind beide Menschen und als solche zu respektieren. Das Anderssein und Andersdenken anzuerkennen und zu akzeptieren, ist Grundzutat für den Dialog.

- **Bitte kein <u>konkretes</u> Ergebnis**

Die meisten Menschen sind in der Arbeitswelt auf Ergebnisorientierung sozialisiert und können sich eine Zusammenkunft ohne Entscheidungen und Maßnahmen nicht vorstellen. Wenn wir ein Ergebnis erzielen wollen, fokussieren wir uns selbst und damit die Gruppe immer genau darauf. Das verengt das Denken und den Diskurs. Wir möchten aber genau erreichen, dass sich unser Verständnis füreinander erweitert, wir gemeinsam denken und reflektieren. Ein konkretes Ziel richtet uns schnell auf einen zu erreichenden Konsens aus. Im Dialog geht es jedoch um die Unterschiedlichkeiten und diverse Sichtweisen.

Zum dialogischen Arbeiten sind viele Interpretationen und Beratungsansätze entstanden. Dialogrunden, wie ich sie in Organisationen erlebe, folgen üblicherweise einigen, wenigen Regeln:

- keine Agenda
- Teilnehmende sitzen im Kreis
- die Mitte ist gestaltet
- Dialogbegleiter (zumindest anfänglich)
- um die 20–30 Personen

In diesem Buch können all die Gedanken, Annahmen und Schlussfolgerungen David Bohms nicht skizziert werden. **Gleichzeitig ist sein Denkmodell des gemeinsamen Denkens, des forschenden Ergründens kollektiver Bewertungsmuster, des Verzichts auf schnellen Konsens und der offenen Atmosphäre in den organisationalen Diskurs eingeflossen.** Setzen wir die Methodik des Dialogs in den Kontext einer Organisation, in der tiefgreifende Veränderungen anstehen, sind methodische Ergänzungen notwendig. Zudem stelle ich die oben formulierten Grundregeln infrage. Davor aber werfen wir noch einen Blick auf den ebenso wichtigen Einfluss der Philosophen Jürgen Habermas und Michel Foucault, die sich intensiv mit dem Diskurs auseinandergesetzt haben.

«Quartett für den nationalen Dialog» erhält Friedensnobelpreis

2015 erhält das Quartett, bestehend aus den vier Organisationen Gewerkschaftsdachverband UGTT, Arbeitgeberverband UTICA, Tunesische Menschenrechtsliga und Vereinigung der Rechtsanwälte, den Friedensnobelpreis für ihre Bemühungen um Demokratie in Tunesien. Das Quartett initiiert im Jahr 2013 einen nationalen Dialogprozess, um die unüberbrückbar scheinenden Differenzen zwischen säkularen und islamistischen Parteien in Tunesien auszugleichen. Nach der Ermordung zweier Oppositionspolitiker droht die Situation zu eskalieren und Tunesien im Chaos zu versinken. Der nationale Dialog gelingt, ist jedoch mühsam und mehrfach vom Scheitern bedroht. Die zwei Legitimationsansprüche lauten: das Recht der Straße und Konsens durch alle Akteure auf der einen, Legitimität durch Wahlen auf der anderen Seite. Gerade als der Konflikt eskaliert, schafft es das Quartett einen Dialog zu eröffnen, der die verschiedenen Ansprüche nicht nur berücksichtigt, sondern vereint. Ein wichtiger Aspekt dabei, es werden nur gewählte Parteien einbezogen, bekommen aber nur je eine Stimme. Am Ende des nationalen Dialogs stehen demokratische Parlaments- und Präsidentschaftswahlen und ein Modell, wie es auch andere arabische Länder handhaben können.

Diskurs

Gern wüsste ich Ihre Antwort auf die Frage, was ein Diskurs für Sie ist. Unterscheidet er sich von Dialog oder Debatte? Wenn ja, wie? Umgangssprachlich werden die Begriffe Diskurs, Debatte und Diskussion häufig synonym verwendet. Eine Schärfung der Bedeutung ist an dieser Stelle also mehr als notwendig. Mir gefällt an dem Begriff schon der lateinische Ursprung *discursus*, was so viel wie *umherlaufen* bedeutet. Es ist etwas in Bewegung. Wesentlichen Einfluss auf die Bedeutung für meine Arbeit und dieses Buch haben die Diskurstheorien von Jürgen Habermas und Michel Foucault – gerade weil beide Philosophen verschiedene Sichtweisen, Schwerpunkte und Definitionen haben. Habermas und Foucault bezogen sich in ihren Arbeiten auch immer wieder kritisch aufeinander. Auf den Disput zwischen ihnen angesprochen, konnten sie nicht klar sagen, was denn der Gegenstand ihrer Debatte im Detail war.

Diskursethik nach Jürgen Habermas

Der Philosoph und Soziologe **Jürgen Habermas** steht wie kaum ein anderer für «vernünftige Auseinandersetzung». Vernunft ist dabei kommunikativ gemeint. Es geht um rationale Argumentation, nicht um emotionslose Rationalisierung. Gemeinschaft kann überhaupt erst entstehen, wenn ich den anderen sehe und einbeziehe. Das klingt recht einfach und vermutlich nicken Sie innerlich dazu. Es geht Habermas darum, dass im öffentlichen Diskurs um eine gemeinsame Sichtweise und Wahrheit gerungen wird. Er unterstellt den Menschen grundsätzlich Vernunftfähigkeit, sieht aber gleichzeitig, dass wir es nicht schaffen «vernünftig» zusammenzuleben. Die Ursache hierfür sieht Habermas in der Kommunikation. Das ist, wie wir alle erleben, keineswegs trivial. Er postuliert, dass sich aus einem herrschaftsfreien, vernünftigen Diskurs ergibt, was moralisch richtig ist. Die Ethik sagt uns also nicht, wie wir uns richtig oder falsch verhalten, sondern die geltenden moralischen Normen ergeben sich aus dem Prozess des praktischen Diskurses. Habermas Diskursethik definiert quasi «Kommunikationsregeln», mit deren Einhaltung sich normative und moralische Konflikte lösen lassen. Dazu finden sich in der Diskursethik zwei Leitprinzipien:

- Das **Diskursprinzip** besagt, dass nur jene Normen Gültigkeit haben können, denen alle am Diskurs Beteiligten zustimmen, beziehungsweise zustimmen könnten. Alle müssen letztendlich überzeugt sein von der gefundenen Norm. Solange einzelne noch an ihrer eigenen Sichtweise festhalten, kann das Ergebnis nicht mehr als ein Kompromiss sein.

- Auf die Anwendung einer gültigen Norm bezieht sich dann das **Universalisierungsprinzip**. Die Beteiligten bescheinigen der Norm eine allgemeine Gültigkeit. Alle können also mit der Norm und den daraus entstehenden Konsequenzen gut leben und sie zwanglos akzeptieren.

Habermas ging es nicht darum, dass diese Prinzipien zu jeder Zeit und vollumfänglich umgesetzt werden, es sind Leitprinzipien. Ob und wie sie sich in Organisationen wiederfinden, ist jedoch gut beobachtbar. Nämlich immer dann, wenn der Versuch unternommen wird, geltende Normen zu verändern.

So hat die oberste Führungsriege eines Pharma-Unternehmens getagt, um eben jene Werte zu ermitteln und zu verabreden, die dann Leitplanken für alle Abteilungen, Teams und Mitarbeitende sein sollten. Der CEO hat sich für den Wert «Fairness» ordentlich ins Zeug gelegt und letztendlich als nicht verhandelbar für den Umgang mit Kunden und Lieferanten ausgelobt. So steht Fairness nun im Leitbild und wurde, mit all den anderen Werten, an die Mitarbeitenden kommuniziert. Wendet man die beiden Leitprinzipien der Diskursethik – Diskursprinzip und Universalisierungsprinzip – darauf an, ergeben sich folgende Fragen:

- Diskursprinzip: Können alle Beteiligten dem Wert Fairness zustimmen? (Ja.)

- Universalisierungsprinzip: Können alle mit der Norm und ihren Konsequenzen leben? (Nein.) Das wäre mit etwas Reflexion und Nachdenken bereits im Workshop der Führungsriege deutlich geworden. Der Einkauf hat den klaren Auftrag, günstig einzukaufen und Preise zu drücken, wo immer es geht. Der Vertrieb hat einen KPI auf «tatsächlicher Umsatz». Damit ist klar, dass der faire Umgang mit Kunden und Lieferanten aufgrund der Struktur unwahrscheinlich ist.

Die Mitarbeitenden können eigentlich nicht anders, als den Wertekanon als Makulatur zu betrachten, weil sie sonst dauerhaft in einem moralischen Dilemma festhängen.

Zudem ist in dem Beispiel zu betrachten, dass diese Arbeitsrunde nicht herrschaftsfrei (im Sinne Habermas) war. Sonst hätten anwesende Führungskräfte eventuell Einspruch angemeldet und die entstehende Diskrepanz in einem ernsthaften Diskurs erörtert. Ein herrschaftsfreier Diskurs ist das Ideal, um zu moralischen Normen zu kommen. Dabei ist nicht ausgeblendet, dass Organisationen politische Systeme sind und Diskurse über Einzelinteressen, Macht oder Politik beeinflusst sind. Zudem ist auch unbestritten, dass in der Kommunikation neben der Sach- immer auch eine Beziehungsebene existiert. Aber Diskurse sind eben nicht Alltagskommunikation oder übliche Workshops, sondern besondere Settings. Es ist das Praktizieren gegenseitiger Perspektivenübernahme, deren Ergebnis nicht Entscheidungen und To-dos, sondern Überzeugungen sind. Diese «ideale Sprechsituation», wie Habermas den Diskurs genannt hat, basiert auf Gleichberechtigung und Konsensorientierung.

Konsens ist die notwendige Annahme für ein gutes Gespräch. Er muss aber nicht unbedingt erzielt werden, vor allem nicht schnell und ohne innere Überzeugung der Teilnehmenden. Wenn Diskurs als Prozess zu verstehen ist, in dem ein Konsens für neue Normen über den «zwanglosen Zwang des besseren Argumentes» angestrebt wird, dann ist offensichtlich, weshalb eintägige Werte-Workshops mit einer kleinen Gruppe formaler Führungskräfte keine Hebelwirkung für die gesamte Organisation haben können.

Der Diskurs stellt aber auch Ansprüche an die Teilnehmenden, unterstellt dabei gleichzeitig, dass diese universellen Ansprüche in unserer Sprache bereits angelegt sind.

- **Verständlichkeit**
  Jeder Beteiligte drückt sich verständlich aus (z. B. wenig Abstraktion).

- **Wahrheit**
  Jeder gibt etwas zu verstehen, dass wahr ist (Sachebene).

- **Wahrhaftigkeit**
  Jeder macht sich selbst dabei verständlich (authentisch).

- **Richtigkeit**
  Das Gesagte bezieht sich auf anerkannte Normen.

Dies ist Anspruch, bitte nicht mit erlebter Realität gleichsetzen. Denn Ihnen fallen sicher auch Beispiele ein, in denen übergeordnete Ziele doch Einzelne zum «gewinnen wollen» veranlasst haben. Das sind Ausnahmen, nicht die Regel. Testen Sie doch diese Ansprüche einmal in dem nächsten Diskurs. Sie werden erleben, wie erkenntnisreich das sein kann.

Auch wenn die ideale Sprechsituation nie voll realisierbar ist, sind die Ansprüche trotzdem wirksam. Ohne sie könnten wir nicht miteinander kommunizieren, vernünftig schon gar nicht.

«Unter dem Stichwort ‹Diskurs› führte ich die durch Argumentation gekennzeichnete Form der Kommunikation ein, in der problematisch gewordene Geltungsansprüche zum Thema gemacht und auf ihre Berechtigung hin untersucht werden.»
(Jürgen Habermas)

Diskursanalyse und Diskurs nach Michel Foucault

Für den französischen Philosophen **Michel Foucault** geht Diskurs weit über den sprachlichen Aspekt hinaus. Es ist die Art des Denkens, die sich über die allgemeine Argumentation zu einem Thema zeigt. In Dokumenten, Gesprächen, Texten, Argumenten oder Bildern können wir das zugrunde liegende Denkmuster entdecken. Nicht aus einzelnen Fragmenten, aber wiederholt und über die Zeit wird das Denken in einer Organisation, beispielsweise über Selbstorganisation, offengelegt. Die über Wiederholung etablierte Praxis ergibt, **WAS** gesagt, **WIE** gesprochen wird und **WER** sprechen darf. Foucault bestritt, anders als Habermas, dass ein Mensch frei sagen kann, was er denkt, annimmt oder wünscht. Für ihn ist Diskurs immer auch Macht geführt und Macht bildend. Der Diskurs regelt Sprechen und Handeln und formt so die gemeinsame Wirklichkeit.

Foucault beschäftigte vielmehr die Diskursanalyse, um aktuell geführte Diskurse und ihre Bewertungen zu beleuchten. Damit liefert er, aus meiner Sicht, das beste Argument für den praktischen Diskurs (⇒ **Der praktische Diskurs**). Wollen wir kulturrelevante Aspekte in einer Organisation verändern, bestimmen wir zunächst den Status quo des Diskurses zum jeweiligen Sachverhalt.

> **«Es [ist] eine Aufgabe, die darin besteht, nicht – nicht mehr – die Diskurse als Gesamtheit von Zeichen [...], sondern als Praktiken zu behandeln, die systematisch die Gegenstände bilden, von denen sie sprechen.**
> **Zwar bestehen diese Diskurse aus Zeichen; aber sie benutzen diese Zeichen für mehr als nur zur Bezeichnung der Sachen. Dieses mehr macht sie irreduzibel auf das Sprechen und die Sprache. Dieses mehr muß man ans Licht bringen und beschreiben.»**
> **(Michel Foucault)**

Im Sinne der Foucault'schen Diskursanalyse strukturiert der Diskurs, was in einer Organisation an Veränderung bedingt ist und wo die (strukturellen) Widerstände liegen. Diskurs ist überindividuell. Er formt das Denken und Verhalten und wird gleichzeitig selbst dadurch beeinflusst, eine klassische Wechselwirkung. Das macht den Diskurs unberechenbar, weshalb in Gesellschaft und auch in einer Organisation bestimmte «Kontrollmechanismen» wirken, die Diskurs kontrollieren. Ausschluss nennt Foucault dieses Prinzip und so gibt es immer Themen, die nicht besprochen werden dürfen. Tabus finden sich allerorten. Aber auch die klare Grenzziehung zwischen wahr und falsch beziehungsweise vernünftig und unvernünftig sorgen für Kanalisierung.

Sie müssen sicher nicht fortlaufend wissenschaftliche Forschungsprojekte aufsetzen, um eine Diskursanalyse in Ihrer Organisation durchzuführen. Zu meiner beratenden Praxis gehört sie (im Sinne Foucaults) dazu, in Aufwand und Umfang vom Kontext abhängig. So durfte ich über einen längeren Zeitraum mit einem wirtschaftlich erfolgreichen, mittelständischen Unternehmen aus dem Bankensektor arbeiten. Zwei Aspekte möchte ich hier kurz erläutern. Die Geschäftsführung möchte gern die Unternehmensidentität stärken. Soll heißen, die Mitarbeitenden sollen dazugehören, sich für organisationsweite Initiativen engagieren und sich hundertprozentig mit dem Unternehmen identifizieren. Dazu gibt es immer wieder Veranstaltungen, Appelle, Marketing-Flyer und Slogans. Das Unternehmen ist dezentral organisiert. Es gibt einen Kern mit Querschnitts- und Geschäftsleitungsfunktionen und dann viele Teams, die jeweils volle Profit & Loss Verantwortung haben, selbst Kollegen und Kolleginnen einstellen, ihr Portfolio und ihre Strategie erarbeiten. Aus Gesprächen und Interviews ergibt sich dort ein klares Bild. Die Mitarbeitenden identifizieren sich zuallererst mit ihrem Team. *Mein Team ist mein Bezugspunkt. Wir klären ja alles, was wir brauchen, miteinander.* Über mehrere Jahre wurde die Eigenständigkeit der Teams betont, auch in der Außendarstellung. Die Autonomie, mit der am Markt agiert wird, ist im Narrativ des Unternehmens seit vielen Jahren etabliert. Der Wunsch der Geschäftsführung nach einem WIR, welches die Menschen für die Gesamtorganisation empfinden, findet im aktuellen Diskurs nicht statt. Daran schließt sich, meiner Meinung nach, sofort die Frage an, wie wichtig das Gesamt-WIR ist und welchen Preis die Geschäftsleitung für dessen Stärkung zu zahlen bereit wäre.

Ein weiteres diskursives Phänomen in dieser Organisation ist die Tabuisierung von Begriffen wie Macht, Positionen, Abgrenzung und Unterscheidung. Mit der Dezentralisierung wurden sämtliche formale Führungspositionen abgeschafft. Ein einschneidender Schritt, der diverse Wirkungen erzeugt hat. Begriffe, die vermeintlich mit formaler Führungsmacht zu tun haben, sind tabuisiert. So wird mir beispielsweise zum Thema Macht immer wieder erklärt, dass «es die hier ja nicht mehr gibt» und deshalb auch nicht darüber gesprochen werden muss. Die normative Kraft des Diskurses wird dort immer wieder deutlich. Dass Macht nicht an formale Positionen gebunden ist, sondern eine Dynamik in jedem sozialen System ist, wird als Diskussionspunkt vehement abgelehnt. Das Ergebnis ist, dass sich Macht in allen möglichen Spielarten zeigt, von diktatorischen Teammitgliedern bis zu Teams, die in ihrer selbst gekochten Harmoniesuppe schwimmen. Selbstverständlich sind die Organisation und ihre Dynamiken vielschichtiger. Mein Punkt an dieser Stelle ist folgender: Wollen Sie wissen, was Ihre Organisation denkt und warum sich die Menschen so verhalten, wie sie es tun, betrachten Sie den aktuellen Diskurs, denn er formt die aktuelle Wahrheit. Sie finden damit nicht raus, welche Aussagen oder Meinungen richtig sind, aber wie sie konstruiert werden.

Die wichtigsten Gedanken und Modelle, die den organisationalen Diskurs beeinflussen, sind nun skizziert. Was genau aber ist er denn nun? Eine Mischung aus Diskussion, Diskursanalyse und Diskursethik? Eine Methode oder eine Theorie? Praktische Anwendung und Intervention? Von allem etwas und nur dazu da, die Basis für wirksame Veränderung zu legen.

DIE ERKENNTNISSE IN KURZFORM

- In der Regel finden in Organisationen Diskussionen und Debatten statt, die mehr dem Vertreten der individuellen Standpunkte dienen, als dass sie gemeinsames Denken ermöglichen.
- Ein Diskurs beleuchtet geltende Normen und Überzeugungen und erzeugt sie gleichermaßen.
- Der organisationale Diskurs ist wesentlich durch die Philosophen Bohm, Habermas und Foucault beeinflusst.
- Organisationaler Diskurs ermöglicht gemeinsame Sinnsetzung und damit partizipativen Change.

DAS WOFÜR (NICHT)

Ich könnte dieses Kapitel damit beginnen, über die hohe Änderungsgeschwindigkeit in unserer Welt, die Change-Müdigkeit von Mitarbeitenden, die 70 Prozent der gescheiterten Maßnahmen und die Notwendigkeit von Adaptivität zu fabulieren. Es ist alles schon so oft beschrieben, analysiert und mit Erfolg-ist-garantiert-Lösungen versehen. Trotzdem stehen wir alle, ob Mitarbeitende, Geschäftsführende, Berater, HR-Verantwortliche, Teamleiter oder irgendwie sonst im Organisationskontext wirkende Menschen, vor der ewig gleichen Fragestellung: Wie gelingt Veränderung so, dass sie von Dauer ist?

Ich könnte darauf so antworten: Nehmen Sie eine ordentliche Prise organisationalen Diskurs, dann entwickelt sich Ihr Unternehmen zu einer reflektierenden, selbst-kritischen, diskussionsfreudigen und sich stetig anpassenden Organisation. Schön wäre es, oder? Wird aber nicht zum gewünschten Effekt führen. Zum einen haben Organisationen für «Schön wäre doch»-Ideen eine Teflon Beschichtung, an denen sie gleich wieder abperlen. Zum anderen gibt es nun mal keine Rezeptur für allgemeine Befunde. Das Anliegen muss also konkret sein, praktisch und gleichzeitig die grundlegenden Verhaltensmuster, Normen und Werte einer Organisation berühren. Deshalb ist mir wichtig deutlich zu machen, für welche Anlässe der organisationale Diskurs passend ist und welche Wirkungen zu erwarten sind.

Der «richtige» Anlass

Dann ist der organisationale Diskurs doch bestens für unser Kulturwandel-Projekt geeignet, oder? Das fragte mich kürzlich der HR-Verantwortliche eines Unternehmens aus der Stahlindustrie. Etwas flapsig antwortete ich, dass dem nicht so sei, auch weil in der Idee vom Kulturwandel-Projekt schon zwei Fehler stecken.

Kultur ist nicht direkt gestaltbar. Sie ist vielmehr eine indirekte Variable. Zudem ist Kultur nicht fix, sie ist immer in Bewegung – stabil und instabil zugleich. Projektmäßig an der Organisationskultur zu arbeiten ist deshalb nicht sinnvoll. Weil aber die Kultur einer Organisation der Faktor ist, wenn es um Anpassungsfähigkeit, Veränderung oder Kundenausrichtung geht, ist die Gestaltung einer «Kultur der Veränderung» eine strategische Aufgabe.

Klären wir zunächst, was mit Kultur gemeint ist. Ich folge dabei der dynamischen Definition, die Edgar H. Schein in seinem Buch «Organisationskultur und Leadership» (Schein, 2017) formuliert:

> «Die Kultur einer Gruppe kann als die Ansammlung gemeinsamen Lernens dieser Gruppe definiert werden, die Probleme der externen Anpassung und der internen Integration; das, was gut funktioniert hat, um gültig zu sein, wird neuen Gruppenmitgliedern gelehrt, was richtig ist, und was sie in Bezug auf solche Probleme wahrnehmen, denken und fühlen sollen. Diese Summe von Gelerntem stellt ein Muster oder System von Überzeugungen dar, von Werten und Verhaltensregeln, die als so grundlegend empfunden werden, dass sie schließlich aus der Bewusstheit verschwinden.»

Die Definition ist allgemein formuliert, und so ist es natürlich notwendig, für jede einzelne Organisation die Artefakte, die sich über das Handeln zeigen, zu beachten und auf die dahinterliegenden Normen und Werte zu referenzieren. Sie macht aber auch nochmal deutlich, dass der größte

Nutzen der Kultur in der Stabilisierung für die agierenden Menschen liegt. Verhaltensregeln und Normen sind erprobt, etabliert und müssen nicht fortlaufend ausgehandelt werden. Über die Zeit gehen sie ins Unterbewusstsein über und werden zu Selbstverständlichkeiten.

In der IT eines produzierenden Unternehmens ist beispielsweise folgende Situation immer wieder beobachtbar: Hat jemand ein wesentliches Problem zu lösen und braucht schnelle Unterstützung, wendet er oder sie sich direkt (informell) an den jeweiligen Ansprechpartner beim Dienstleister. Abgewiesen wird niemand, wenn es darauf ankommt. Der formale Weg, allen bekannt und zur Nutzung angeraten, behindert schnelle Lösungen aber eher. Das hat der IT-Bereich gelernt, mehrfach erprobt, und keiner denkt noch darüber nach, wenn der «kleine Dienstweg» genutzt wird. Bis zu dem Tag, an dem beim langjährigen Dienstleister die Zuständigkeiten neu sortiert wurden und dort nun alle auf «Formalität» bestehen. Die Verunsicherung und Verärgerung in der IT ist entsprechend. *Bei uns steht Hilfsbereitschaft über allem*. Das unerwünschte Rütteln an der Kultur stört.

Nicht immer ist es leicht, die Kultur einer Organisation zu entschlüsseln. Dass im Beispiel der IT das beobachtbare Verhalten und die Norm beziehungsweise der Wert Hilfsbereitschaft so klar ineinandergreifen, ist nicht immer der Fall. Allein aus dem Handeln der Menschen können wir nicht automatisch auf die darunterliegenden Werte und Überzeugungen schließen. Zumal die selbstverständlichen, unbewussten Annahmen über die Welt nicht einfach mitgeliefert werden. Die aber bestimmen maßgeblich unsere Wahrnehmung, das Denken und Fühlen.

Damit wird auch nachvollziehbar, warum Kulturprogramme keinen Sinn ergeben. Auch wenn noch so aufgehübschte Beratermagazine die «richtige Fehlerkultur» oder «Vertrauenskultur» versprechen. **Jede Organisation hat die Kultur, die sie etabliert und durch die sie stabilisiert wird.** Sie zu verändern bedeutet also vor allem Zweierlei: Reflexion und Instabilität (⇒ **#4 Veränderung braucht Energie**).

Wandel 1. und 2. Ordnung

Wo und wann auch immer der Change, mit dem Sie die Organisation beschäftigen, die grundlegenden Kommunikations- und Verhaltensmuster tangiert, muss es instabil werden. Denn Sie initiieren eine Veränderung zweiter Ordnung, einen Musterwechsel.

Viele Maßnahmen, die unter dem Begriff «Change» angestoßen werden, dienen der Optimierung und sind Veränderungen erster Ordnung. Eine Prozessverbesserung hier, ein bisschen mehr Anstrengung dort. Optimie

Graswurzel rung ist gut und notwendig. Wichtig ist, dass bewusst zwischen Optimierung und Musterwechsel unterschieden wird, denn die Wahl der Interventionen, der Grad an Instabilität und die Wirksamkeit des organisationalen Diskurses sind schlichtweg andere.

Der eben schon erwähnte IT-Bereich arbeitet international. In einem der europäischen Landesgesellschaften hing die lokale IT formal-hierarchisch direkt am Business, losgelöst also vom Rest der IT im Konzern. Das führte schon länger zu zähen Abstimmungen, inkompatiblen Entwicklungen und teuren Integrationslösungen. Der CIO hat deshalb, zusammen mit dem Vorstand beschlossen, die «losgelöste» Einheit der Gesamt-IT zuzuordnen. Die Grundannahme dabei: Die neue formale Zuordnung löst alle genannten Probleme. Die Idee war somit, einen Wandel zweiter Ordnung zu initiieren, denn die formale Struktur zu ändern ist ein grundlegender Change. Ja, aber nur, wenn der Weg konsequent gegangen wird. In der Realität ist die Idee zur Optimierung verkümmert. Geschehen ist tatsächlich wenig. Abstimmungen mit den anderen IT-Einheiten haben sich geringfügig verbessert, sonst leider nichts. Das gesamte Team ist geblieben, wie es war in Bezug auf Mitarbeitenden, Teamleitung, Aufgaben, Abläufe. Dieses Team hat in der Vergangenheit gelernt, dass sie genau so gut arbeiten und ihren internen Kunden zufriedenstellen. Für sie ist dieser Change lediglich «mehr vom Gleichen», ein bisschen mehr Anstrengung. Die grundlegenden Verhaltensmuster bleiben unverändert. Nebenbei bemerkt, wird hier deutlich sichtbar, welch geringe Bedeutung die formale Zuordnung in gewachsenen Strukturen haben kann.

Musterwechsel bedeutet immer Diskontinuität, einen Umbruch. Sollen sich grundlegende Verhaltensweisen ändern, wäre hier eine verbindliche Verabredung neuer Prozesse und eventuell auch das «Verschneiden» der IT-Teams passend gewesen. Um das losgelöste Team ernsthaft zu integrieren, müssen einige der bestehenden Beziehungsgeflechte gelöst, die informelle Struktur gestört werden. Diesen schmerzlichen Prozess wollte der CIO nicht eingehen. Ihm ging Harmonie vor Instabilität.

In den vielen Transformationen zu mehr Selbstorganisation, geteilter Führung oder Agilität stecken Veränderungen zweiter Ordnung. Rollen fallen vollständig weg, Teams bekommen Aufgaben und Verantwortlichkeiten, die vorher in der Organisation für sie erbracht wurden. Damit entsteht ein großer Bedarf, die zukünftige Zusammenarbeit auszuhandeln und darüber in den Diskurs zu gehen. Das funktioniert jedoch nicht über die so häufig beschworene «Graswurzel»-Bewegung von unten. Organisationale Umbrüche benötigen Legitimation, also Verordnung von oben. Sie brauchen die absichtsvolle, ernsthafte Entscheidung einer oder mehrerer Personen mit formaler Macht und der Fähigkeit, den entstehenden Schmerz der Instabilität mit allen anderen gemeinsam auszuhalten. Musterwechsel ist eben nichts für ungeduldige «Harmonie-Bevorzuger».

Relevante Probleme lösen

Harmonieorientiertes Arbeiten an Werten, Leitlinien und Kultur lösen kein konkretes Problem, und erst recht keine relevantes. **Relevant für den dauerhaften Fortbestand des Unternehmens sind Probleme und Aufgaben, die auf die Kunden beziehungsweise den Markt referenzieren.** Bei jeder Diagnose, für die dann der Change-Prozess die Lösung bringen soll, ist immer die Problemformulierung zu überprüfen und zu hinterfragen. Hat das, was wir hier verändern wollen, mit echten Problemen zu tun (zumindest um die Ecke)?

Nehmen wir geteilte Führung als ein Beispiel, denn immer mehr Organisationen trennen fachliche und disziplinarische Führung. Gibt es keine Antwort auf die Frage, welches Problem damit gelöst werden soll (ob es das tut, zeigt sich eh erst über die Zeit), sinkt die Wahrscheinlichkeit, die Wirkungen zu erzielen, die beabsichtigt waren. «Was ermöglicht uns geteilte Führung, was bis heute nicht machbar war?» ist eine wichtige Fragestellung, die einer konkreten Antwort bedarf. Leider erlebe ich wiederholt, dass in Organisationen Initiativen begonnen werden, «weil man das jetzt so macht» – und die blasse Hoffnung damit einhergeht, ein attraktiver Arbeitgeber zu sein. Dann haben sie einen vielfachen Musterwechsel angezettelt, der viele Wirkungen erzeugt. Passen die nicht zu einem relevanten, praktischen und konkreten Problem, ist Frust vorprogrammiert. Viele Mitarbeitende leiden dann unter Workshop-Müdigkeit und haben schlichtweg keine Lust, über «abstrakte Dinge» wie Werte oder Kultur zu philosophieren, die keinen Bezug zu ihrer Arbeitswirklichkeit haben.

Organisationaler Diskurs ist deshalb konkret, weil die Teilnehmenden im Kontext ihres Arbeitsalltages diskutieren. Er leistet dann einen besonders wichtigen Beitrag, wenn es um eine Veränderung zweiter Ordnung geht und Partizipation ernsthaft gewollt ist. Gruppen, die ausgewählte Themen im Diskurs beleuchten, sind dabei Forschende im Auftrag und im Sinne ihrer Organisation. Sie wollen nicht etwas abarbeiten oder «richtig machen», sondern suchen. Sie sind eine «community of inquiry» (⇒ **Glossar**), das ist ihr Vertrag. Und sie arbeiten nicht hauptsächlich für ihr persönliches Lernen, sondern im Sinne der Organisation. Auch das ist ein wichtiger Aspekt, der für alle Beteiligten zweifelsfrei sein muss.

Der Rahmen, in dem der organisationale Diskurs auf fruchtbaren Boden fällt, ist somit skizziert. Da er auf keinen Fall Selbstzweck, reine Unterhaltung oder «mal was anderes» sein soll, ist auch eine klare Absicht damit verbunden. Was also soll er explizit bewirken?

Ein Diskurs – mehrfache Wirkung

Schlage ich in einem Beratungsprozess vor, einen organisationalen Diskurs zu ermöglichen, dann sind damit zwei Wirkungen explizit intendiert:

- die Analyse der aktuell stattfindenden Auseinandersetzung zu dem spezifischen Thema,
- die kollektiven Bewertungsmuster im praktischen Diskurs reflektieren und bearbeiten.

Letztendlich schadet es nie, die Diskursfähigkeit einer Organisation zu erhöhen, auch ohne Veränderungsvorhaben oder Problem. Es werden nämlich zwei weitere Wirkungen mitgeliefert, die sich im organisationalen Diskurs implizit entfalten:

- gemeinsames Denken wird kultiviert,
- «Dinge» werden auch systemtheoretisch betrachtet.

Die aktuelle Auseinandersetzung analysieren

Für einen erfolgreichen Musterwechsel braucht es zunächst einen intensiven Blick auf den Status quo. Wie wird denn zurzeit was in der Organisation besprochen? Das erste Ergebnis, das der organisationale Diskurs liefert, ist eine Diskursanalyse. Wie der aktuell stattfindende Diskurs zu einem Thema konstruiert wird, welchen Regeln er folgt und wie Macht in diesem Zusammenhang wirkt, werden deutlich. Es geht hier also nicht um inhaltliche Fragen, ob beispielsweise die Geschäftsführung die Aussagen der Menschen für richtig oder falsch hält. Es geht vielmehr um die Konstruktion von Wirklichkeit. Auch hier folge ich gedanklich Michel Foucault. Seiner Meinung nach wird im Diskurs nicht einfach die Wirklichkeit widergespiegelt, sondern gestaltet.

Jetzt lässt sich eine Diskursanalyse in einer Organisation groß anlegen, was bedeutet zu einem Thema Dokumente, Präsentationen, Vorträge, Bilder und so weiter ebenfalls zu untersuchen. In meiner Arbeit fokussiere ich auf die vorhandenen Sprachmuster. In den praktischen Diskursen, also genau dort, wo die Menschen sich auseinandersetzen, wird beobachtbar, wie über was gesprochen wird. Das kann mit kleinen Fragestellungen beginnen. Mit welchem Bild oder welcher Metapher beschreiben Sie die aktuelle Situation ihrer Organisation? Darauf folgen mitunter Antworten wie Ameisenhaufen, Chaos oder Maschine. In der ausführlicheren Beschreibung, was für jeden Einzelnen dahintersteckt, drücken die Menschen ihre Einstellungen durch die Wahl der Worte aus. Wie eine Organisation beschrieben wird, hängt von der Sicht auf die Organisation ab. Und die ist in einem solchen komplexen System überindividuell. Der Diskurs «produziert» die Meinungen der Menschen und wird wiederum von ihnen gestaltet. Die so entstehende gemeinsame Sprache ist in jeder Organisation sichtbar und hält das Zugehörigkeitsgefühl warm.

Die Art und Weise, wie wir über ein Thema sprechen, kann die Sicht dabei verändern. Das ist so weit keine Neuigkeit, darf aber immer wieder erinnert werden. Sprache ist weder neutral noch unschuldig. Sprache und Wortwahl bilden den Kontext einer Organisation als soziales System. Der organisationale Diskurs liefert einen Blick darauf, wie der organisationale Raum durch die verwendete Sprache geprägt ist.

Statt, wie in vielen Change-Vorhaben zu erleben, die von «Betroffenen zu Beteiligten» gemachten Menschen mit gefeilter, getunter und «An-Bord-Hol-Rhetorik» mitgenommen werden sollen, wird im organisationalen Diskurs sichtbar, was tatsächlich in der Kommunikation einer Organisation stattfindet. Maßnahmen und Interventionen können viel passender gewählt werden, wenn «die Karten auf dem Tisch liegen».

«Und wenn wir in der Lage sind, alle Ansichten gleichermaßen zu betrachten, werden wir vielleicht fähig, uns auf kreative Weise in eine neue Richtung zu bewegen.»
(David Bohm)

Bewertung ist eine wichtige Funktion

Der organisationale Diskurs ist nicht ohne Agenda und thematisch offen, sondern es ist für alle Beteiligten klar, um was es in der jeweiligen Auseinandersetzung geht. Die Absicht dahinter – und das muss transparent sein – ist das Aufdecken der kollektiven Bewertungsmuster. Die Menschen sind im diskursiven Miteinander in der Lage, Musterbildung zu erforschen und das kollektive Denkmuster einem Update zu unterziehen. Und damit sind wir bei einer weiteren wichtigen Wirkung. **Mitarbeitende werden aufgefordert, gemeinschaftlich zu reflektieren und auszuhandeln, was sich wie für die Zukunft verändern muss.** Über den organisationalen Diskurs bilden die Menschen in Aushandlungsprozessen neue Kulturmuster.

Ein Unternehmen aus der Lebensmittelindustrie hat im Laufe der letzten Jahre einige Zukäufe getätigt. Das Ursprungsunternehmen ist ein tradiertes Familienunternehmen mit einer gewachsenen Kultur. Es existiert eine gemeinsame Wertebasis, Richtig und Falsch sind jedem bekannt und die «goldenen Regeln» des Miteinander schon lange ins Unterbewusste übergegangen. Die Zukäufe sind ebenfalls tradierte, erfolgreiche und zum Teil familiär geführte Unternehmen. Auch sie haben eine gewachsene Kultur. Wie können diese Fusionen gelingen? Dazu gibt es zwei wesentliche Möglichkeiten:

- Alle Beteiligten warten ein paar Jahre und hoffen auf Konflikte und Krisen, die dafür sorgen, dass die Systeme zusammenwachsen. Oder
- sie ermöglichen viele Diskurse in der Organisation und nicht nur auf Führungsebene, in denen Zusammenarbeit ausgehandelt wird. Dazu bedarf es allerdings mindestens der Notwendigkeit von Zusammenarbeit (es muss wichtige Gründe geben, sich zu vernetzen) und der Wertesetzung durch die Führung. Ist dieser Rahmen gesetzt, kann über den organisationalen Diskurs die Geschwindigkeit der Kulturbildung erhöht werden.

Leider hat sich die Geschäftsführung dazu entschieden, mit den Führungskräften der jeweiligen Unternehmen Werteworkshops durchzuführen und die (ihrer Meinung nach) wichtigsten Kernwerte auf diverse Gegenstände drucken zu lassen. Meine Hypothese: damit läuft es auf die erste Möglichkeit hinaus, produziert aber wahrscheinlich auch müdes Lächeln und Frust.

Dass die Menschen durch die diskursive Beteiligung erleben, welchen Mehrwert sie persönlich für das große Ganze haben, ist *ein* Effekt. Der für das System Wesentlichere ist die erhöhte Intelligenz und damit die Gelegenheit, als Organisation zu lernen. Dabei zu erkennen, was in der Organisation wirklich resonanzfähig ist und welche Wertemuster dahinterliegen, ist der vielleicht größte Benefit für die Führung.

Was denken wir uns?

Im praktischen Diskurs hetzen die Beteiligten nicht durch eine Agenda, um dann mit möglichst vielen To-dos auf einer Maßnahmenliste hinauszugehen. Im Gegenteil, es wird ein Raum geschaffen, in dem alle eingeladen sind, vom abstrakten Sprechen ins konkrete zu wechseln, vom schnellen ins langsame, vom Überzeugen ins Verstehen, vom Standpunkt verteidigen ins Loslassen. Nach wie vor bin ich überzeugt, dass wir in üblichen Meetings, Workshops oder Seminaren zu wenig denken. Gemeinsam zu denken bedeutet, zu einer Meinung auch die Grundannahmen, Überzeugungen und Glaubenssätze mitzuliefern und all das zur Überprüfung zu stellen. Es geht eben nicht darum, sich mit seiner Meinung zu identifizieren, sondern sie zu balancieren, zu betrachten und gegebenenfalls neu zu bewerten.

Üblicherweise bejahen Menschen diese Ausführungen, um nach einer kurzen Pause anzumerken: *Das geht mit unseren Leuten sicher nicht, können die so nicht.* Dabei sagt diese «Diagnose» genau genommen zweierlei. Es fehlt ihnen der Glaube an die anderen (in den seltensten Fällen schließen sie sich mit ein). Zudem entspricht dieses «Ideal von Diskursfähigkeit» nicht ihren täglichen Beobachtungen. Meinen allerdings auch nicht, weshalb der organisationale Diskurs eben ein implizites Übungsfeld für gemeinsames Denken ist. Jeder Mensch kann das, jede Gruppe kann das. Es ist nur nicht üblich und damit nicht geübt. Wir sollten doch besser mit dem Praktizieren beginnen, als es abzulehnen.

Zirkulär statt linear

Beginnen Menschen im praktischen Diskurs Probleme ursächlich zu betrachten und nicht nach schnellen Symptom-Fixes zu schauen, dann bleibt das auch außerhalb ihrer Gruppe nicht folgenlos. Meiner Erfahrung nach wird die «systemtheoretische Brille» sogar gern aufgesetzt und mit diesem neuen Vokabular und den zusätzlichen Erklärungsmöglichkeiten herumprobiert.

«Diskurse herrschen nicht. Sie erzeugen eine kommunikative Macht, die die administrative nicht ersetzen, sondern nur beeinflussen kann.»
(Jürgen Habermas)

Komplexes Denken ist heute noch nicht flächendeckend etabliert in unseren Organisationen. Der immer noch vorherrschende Erklärungsansatz für Probleme, Fehler oder Konflikte ist der über die Persönlichkeit der handelnden Menschen. Es wird psychologisiert, und dann häufig unfair bis übergriffig. Die Frage danach, wie wir uns organisieren sorgt manches Mal für mehr Klarheit und frische Lösungsansätze. Diese Perspektive wird im praktischen Diskurs immer wieder eingenommen und steht dann als ergänzender Denkwerkzeugkasten zur Verfügung.

Der passende Kontext und Klarheit über seine Wirkungen lassen den organisationalen Diskurs seine volle Kraft entfalten. Wie der Prozess im praktischen Diskurs konkret aussieht und welche Interventionen hilfreich sind, beschreibe ich im nächsten Abschnitt.

DIE ERKENNTNISSE IN KURZFORM

- Für Veränderungen zweiter Ordnung ist der organisationale Diskurs ein geeignetes Instrument.
- Er wirkt kulturverändernd, wobei Kultur nie direkt gestaltbar ist.
- Das WIE und WAS zum konkreten Thema in der Organisation gesprochen wird, zeigt sich.
- Die kollektiven Bewertungsmuster werden bewusst und können betrachtet werden.
- Organisationaler Diskurs ist gelebte Partizipation.

DER PRAKTISCHE DISKURS

Nach der Lektüre der vorherigen Kapitel kann es sein, dass sich hinter Ihrer Stirn die folgenden Fragen formen: Wie sieht das jetzt konkret aus? Was passiert in einem praktischen Diskurs? Wie kann ein solcher Diskurs gestaltet sein? Die ausführliche Antwort kommt nun. Nochmal zur Klarheit: Es geht um Veränderung, die der Reflexion grundlegender Muster und Routinen bedarf. Die Organisation lernt also. Das Lernen der Individuen steht explizit nicht im Vordergrund, geschieht also eher nebenbei. Gleichzeitig braucht es eine Mathetik (⇒ **Glossar**), die alle Teilnehmenden einlädt, ihre Erfahrungen, Meinungen, Einschätzungen, Hypothesen und Überzeugungen miteinander zu teilen und zur «Erforschung» zu stellen.

Es kann dafür keine bestimmte Methode geben, kein Rezept und keinen 5-Punkte-Erfolgsplan. Wenn mich etwas über die letzten 30 Jahre fortlaufend beschäftigt hat, dann die Frage, wie Individuen, Teams und Organisationen lernen können. Wie sind die Themen aufzubereiten? Welches Umfeld ist unterstützend? Wie lässt sich Reflexion am besten anregen? Wie sind Verunsicherung und Angst bei den Menschen im Lernprozess zu bewerten und zu handhaben? Die Liste an Fragen könnte ich über viele Seiten fortführen, aber ich kürze ab zur hier wesentlichen: Wie sieht der Prozess des praktischen Diskurses aus, um grundlegende Veränderung bestmöglich zu ermöglichen? Er ist eine Iteration aus Reflektieren (**Reflect**) – Irritieren (**Irritate**) – Darlegen (**Declare**) – Aushandeln (**Agree**). Aus arbeitspraktischen Gründen verwende ich die englischen Begriffe und nenne den Prozess «RIDA-loop». Die einzelnen Schritte werden in den kommenden Abschnitten ausführlich erläutert.

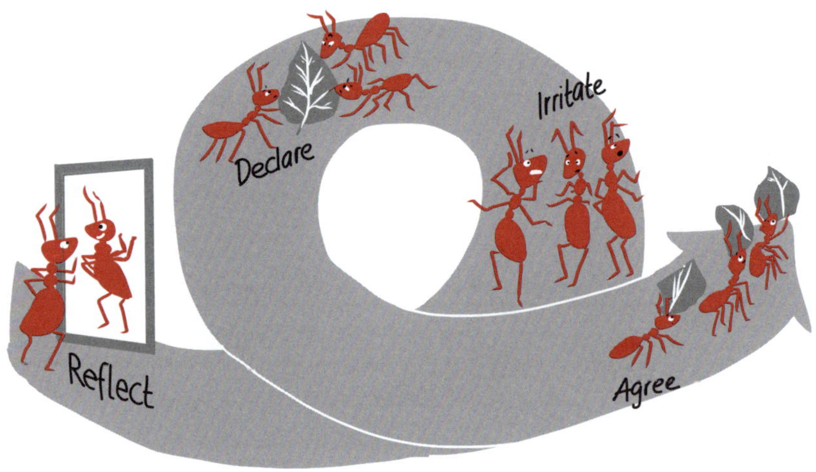

Der RIDA-loop als iterativer Prozess

Was steckt dahinter? Ein sozialer Prozess, der intensive individuelle und kollektive Arbeit bedeutet. Der anstrengend werden kann, der auf Fortsetzung ausgerichtet ist und Spaß macht. Bewusstmachen, was im Unterbewussten abgelegt ist. «Skandal» provozieren, um Neues lernen zu können. Aushandeln ohne Konsens zu erreichen. Verabreden ohne konkrete Entscheidung (für alle).

Auch an dieser Stelle ist mir das theoretische Fundament wichtig, gerade weil ein «Wir sitzen mal zusammen und tauschen uns aus» nicht ausreicht und mindestens zwei Schritte kontraintuitiv scheinen mögen. Irritation ist häufig negativ konnotiert und gerade in Kontexten, die im überzogenen Maß der positiven Psychologie folgen, verpönt. Im praktischen Diskurs wird ausgehandelt und verabredet, aber ohne konkrete To-dos als oberstes

Ziel zu setzen und für alle handlungsleitende Maßnahmen zu verabschieden. Beide Aspekte sind erläuterungsbedürftig – und das tue ich, mal wieder, mit der konstruktivistischen Brille auf der Nase. Der praktische Diskurs ist beeinflusst von der Idee lernender Organisationen (⇒ **#5 Eine Organisation kann lernen**), der Synergetik (⇒ **#4 Veränderung braucht Energie**) und dem transformativen Lernen. Ich halte das für elementar, denn in der konkreten Auseinandersetzung kommen Menschen zusammen, die alle ihre Vergangenheit und ihre Erfahrungen mitbringen. Das gilt es ebenfalls zu berücksichtigen.

Für den praktischen Diskurs beziehe ich mich maßgeblich auf das von Jack Mezirow in den 1970er-Jahren formulierte «transformative Lernen». In dieser konstruktivistischen Lerntheorie bedeutet Lernen die Konstruktion von Bedeutung im eigenen Kopf als ein aktiver Prozess. Lernen passiert nicht, es wird getan.

«Der Prozess, durch den wir unsere als selbstverständlich betrachteten Bezugsrahmen (Bedeutungen, Denkgewohnheiten, Mindset) transformieren, um sie inklusiver, differenzierter, offener, gefühlsmäßig veränderungsbereiter und reflektierter zu machen, damit sie Überzeugungen und Meinungen generieren können, die sich als wahr oder gerechtfertigt erweisen, um Handlungen zu leiten.» (Jack Mezirow)

Gemeinsames Erforschen und Lernen ist hochgradig reflexiv, und zwar auf drei Ebenen:

- **Inhalt**
  Was denke ich persönlich über das konkrete Thema? Welche Normen gelten in unserer Organisation?

- **Prozess**
  Wie bin ich zu dieser Sichtweise gekommen? Welche Auswirkungen haben die geltenden Normen bei uns?

- **Prämisse**
  Warum sollte ich meine Sichtweise hinterfragen? Wofür sind unsere Normen wichtig?

Dieser Prozess, und das haben Sie schon mehrfach erlebt, ist nicht immer leicht und einfach. Wir geraten mitunter in ein Dilemma. Wann immer unsere bisherigen Verhaltensweisen, Überzeugungen und Erfahrungen infrage gestellt sind, entsteht Verunsicherung. Die ist notwendig und willkommen, denn ohne Irritation und entsprechende Reflexion ist Veränderung unwahrscheinlich.

Das klingt nach einer hohen Anforderung an die Teilnehmenden und das ist es auch. Der Anspruch an diejenigen Menschen, die den Diskurs aufsetzen, ist dabei jedoch höher. Es hängt viel mehr vom Design des praktischen Diskurses ab, denn hier ist auf die Einladung zur Reflexion, die diversen Ebenen und Aspekte zu achten. Die Erfahrung zeigt, dass die Teilnehmenden keine Meta-Ebene nebenherlaufen lassen, auf der sie die Fragestellungen und das dahinterliegende Konzept betrachten. Sie lassen sich auf den Diskurs ein und gehen in einen intensiven Austausch.

Zoomen wir hinein in diesen Prozess und damit in die Schritte des «RIDA-loops» im praktischen Diskurs.

1. Reflect

Das Team, das ich begleiten darf, arbeitet schon einige Jahre agil. Die üblichen Methodiken, Werkzeuge und Begrifflichkeiten sind längst vertraut. Sie sind erfolgreich in ihrer Arbeit, haben eine respektvoll-freundschaftliche Arbeitsatmosphäre und «Lösungsfindung in Sekundenbruchteilen» ist ihre Spezialität. Ich darf die Damen und Herren für einen Tag bei ihrer Retrospektive begleiten.

Wir treffen uns dazu in einem Gym. Sie alle machen nicht zum ersten Mal eine Retrospektive und erwarten zunächst den üblichen Ablauf von Informationen sammeln (gut gelaufen und schlecht gelaufen), Erkenntnisse entwickeln und Entscheiden. Die Phase des Ankommens erspare ich Ihnen, denn es geht hier vor allem um das Reflektieren. Für die Rückspiegelbetrachtung des letzten Sprints bitte ich das Team, die in einem Fitnessraum vorhandenen Geräte und Materialien zu nutzen und damit eine Timeline der wichtigsten Ereignisse zu legen. Schnell haben die Teammitglieder Bänder, Kettle Bells, Steppbretter und Matten in eine zeitliche Abfolge gebracht. Sie stellen ihre Timeline vor und erläutern ein Gummiband, dass über den gesamten zeitlichen Verlauf gelegt ist. Ich frage nach, wieso ein wichtiges Ereignis wochenlang andauert. Na, weil das für den Overload an Aufgaben steht, der nie weniger wird. Das sei in jedem Sprint so. *Wir müssen von der Menge an Aufgaben runterkommen* ist die daraus folgende Erkenntnis, die mit ein paar mäßig überzeugenden Ideen zur Lösung schnell abgehakt wird. Ähnlich geht das Team mit einem hochgestellten Steppbrett um, das für zusätzliche Anforderungen des Vorstandes steht. *Da können wir nichts machen, passiert immer wieder. Wir haben einen Puffer, aber der reicht nicht* sind sich alle einig und wollen schnell weiter zum nächsten Ereignis. Ich bitte alle Beteiligten am «Vorstands-Brett» zu bleiben und mir zu sagen, was sie (auch in früheren Retrospektiven) daraus gelernt haben. Die Frage scheint sie zu überraschen, denn es herrscht Stille. Lernen ist, wenn sich Handeln verändert. Das scheint hier jedoch nicht der Fall zu sein. Es ist nicht meine Absicht das Team oder Einzelne daraus, vorzuführen. Gleichzeitig erzählen sie von einigen Mustern und Routinen, die stören und trotzdem in jeder Retro wieder Thema sind. Das Team gesteht sich ein, nicht wirklich gelernt zu haben aus ihren Rückbetrachtungen.

Warum beschreibe ich dieses Beispiel hier? Ganz einfach, weil die beste Absicht zur gemeinsamen Reflexion nicht unbedingt zu einem tiefen Bewusstmachen führt. Sowohl als Individuum, erst recht aber in einer Gruppe warten einige Denkfallen und Dynamiken darauf, uns abzulenken und auszutricksen. Die meisten Retrospektiven, die ich erlebe, enden deshalb spätestens beim Erkenntnisgewinn. Dann werden schnell viele Post-Its geschrieben und Maßnahmen abgenickt. Grundlegende Entscheidungen werden selten getroffen. Es ist eben nicht damit getan zu Jetzt-wird-reflektiert einzuladen. **Eingeschliffene Routinen in einem bestehenden Team, bestehende Tabus oder auch die immer gleichen Fragen in derselben Reihenfolge sind keine guten Hilfsmittel zur Reflexion.**

Die Sache mit der Bewertung

Wie aufmerksam sind Sie selbst und auch die Gruppen, in denen Sie agieren, im Hinblick auf die Art des Sprechens? Sind Sie sich bewusst, wann sie bewerten und urteilen? Liefern Sie Grundannahmen zu Ihren Sichtweisen mit? Hängen Sie an Ihrer Meinung?

Die meisten Menschen halten sich für durchaus reflektiert und glauben, bewusst zu kommunizieren. Ich erlebe dagegen Gruppen, die sich Bewertungen und verfestigte Meinungen um die Ohren hauen, statt differenzierte Gespräche zu führen. Es ist üblicherweise nicht geübt in Organisationen und Teams, auch wenn der Seminarkatalog von «aktiv zuhören» über «empathisch kommunizieren» bis «mit schwierigen Zeitgenossen reden» alles anbietet. Es ist und bleibt eben ein kulturelles Spiel.

In einem praktischen Diskurs ist es elementar, dass alle Beteiligten üben, sich selbst zu beobachten und den Prozess der Bewertung zu verlangsamen. Wir konstruieren unsere Wirklichkeit, jeder und jede für sich im Kopf. Die Geschwindigkeit, mit der wir von der Beobachtung zur Schlussfolgerung gelangen, ist im Kapitel ⇒ **#1 Wirklichkeit ist ein Konstrukt** schon intensiv betrachtet. Hier und jetzt, im praktischen Diskurs, arbeiten wir damit. Unsere Urteile zu sehen und sie nicht immer sofort zu fällen, sondern in der Schwebe zu halten, ist unverzichtbare Basis für einen intensiven Austausch.

Sie alle kennen vermutlich Situationen in Meetings, in denen ein Kollege in die Diskussion grätscht: *Mit der Abteilung X können wir das vergessen. Geht mit denen einfach nicht. No way.* Die Wirkung? Meist endet der Diskussionsstrang an dieser Stelle. Das gefällte Urteil hängt zum Greifen im Raum. Es ist der Tod jeden Diskurses. Ich plädiere hier ganz und gar nicht für ein bewertungsfreies Miteinander. Das wäre so unrealistisch wie hinderlich. Ich plädiere für ein Offenhalten des eigenen Urteils und wohlüberlegtes «Urteile in die Gruppe kippen». Denn was passiert, wenn wir selbst ein Urteil fällen, sei es erst einmal nur in uns selbst? Wir hören auf, den Sachverhalt tiefer zu betrachten, fragen üblicherweise nicht nach weiteren Perspektiven und glauben uns bereits eine ordentliche Meinung gebildet zu haben.

Im Diskurs benötigen wir diesen Autopiloten des Bewertens nicht. Deshalb gehen wir runter vom Gas und reflektieren.

Rufen Sie sich ein Erlebnis in Erinnerung, das für Sie eine emotionale Bedeutung hatte. Wählen Sie ruhig eine Situation, in der Sie Wut, Ärger oder Frust gespürt haben. Versuchen Sie nun, die konkreten Beobachtungen, Ihre Interpretation und Bewertung zu trennen. Beschreiben Sie konkret, was vor sich ging. Wer hat was getan, gesagt? Was interpretieren Sie?

Wie hätten Sie die Situation oder das Verhalten einer Person noch bewerten können? Welche anderen Sichtweisen sind Ihnen jetzt, aus der Distanz, möglich?

Ebenso wichtig ist die Frage nach der Relevanz des Urteils für die Gruppe. Selbst wenn ich verlangsamt, das Urteil gedreht, gewendet und für richtig befunden habe, bleibt eine Frage: Ist es wichtig für die Gruppe oder den Prozess?

Wenn Sie geübt darin sind, Ihr Urteil wahrzunehmen und zu betrachten, dann widmen Sie sich dem Impuls, es auch sofort mitzuteilen. Schauen Sie aus der «Gruppenperspektive» darauf. Welche Wirkung kann es haben, wenn Sie Ihr Urteil der Gruppe mitteilen? Was denken Sie über sich, wenn Sie nichts sagen? Handelt es sich mehr um eine Befindlichkeit oder steckt eine Forschungsmöglichkeit für alle darin?

Wenn uns Meinungen, Sichtweisen und Urteile anderer triggern, hat das meist wenig mit der aktuellen Situation oder dem Gegenüber zu tun. David Bohm nennt das «Leben nach Mustern der Vergangenheit». Unsere Gedanken – beziehungsweise Gedachtes – sind das Ergebnis früheren Denkens und Erinnerns. Denken dagegen ist der laufende Prozess der Wahrnehmung und Verarbeitung der aktuellen Situation. Das zu beherzigen und Ruhe zu bewahren, kann mitunter schwierig sein. Vor allem dann, wenn über uns persönlich ein Urteil gefällt wird. In der bewertungsschwangeren Rhetorik unserer Organisationen ist das nicht ungewöhnlich.

Vor einiger Zeit war ich Impulsgeberin in einem Online-Workshop. Die Teilnehmenden trudelten ein und wir plauderten locker über Komplexität. Ich wurde nach meiner Definition gefragt und antwortete. Daraufhin sagte eine Teilnehmerin, die ich nicht kannte: *Da bist Du aber ein bisschen simpel gestrickt. Es gibt doch noch Kompliziertes und so weiter.* So hatte mich lange niemand angesprochen. Das Gespräch in der Runde lief weiter, und ich überlegte kurz, wie ich damit umgehen wollte. Ich beschloss, keinen Angriff in der Aussage zu sehen und nicht zu reagieren. Fühle ich mich nicht angegriffen, dann gibt es keinen Klarstellungsbedarf – und für die Gruppe steckt keinerlei Mehrwert drin. Auch wenn mich die Aussage emotional getroffen hätte, kann ich immer häufiger übersteuern, statt impulsiv zu reagieren. Das bedeutet nicht, dass ich nicht auch meine Emotionen laufen lasse und Erstaunen, Wut oder Frust adressiere. Aber es ist (fast immer) eine klare Entscheidung.

Auch wenn es manchmal schwerfällt, nehmen Sie sich Zeit zur Reflexion, bevor Sie reagieren. Spüren Sie eine starke negative Reaktion auf das, was ein Gesprächspartner sagt, dann beobachten Sie Ihre Reaktion für eine Zeit. Verändert sich Ihre Reaktion? Was geschieht mit ihr, während das Gespräch weiterläuft?

Was ist der Auslöser für Ihre Reaktion? Welche Annahmen schwingen in Ihnen mit? An wen oder was erinnert Sie die aktuelle Situation? Ist es wichtig?

Bleiben Ihre Gefühle stark, dann können Sie Ihre Reaktion zum Betrachtungsgegenstand der Gruppe machen. Erläutern Sie Ihre Gedanken als eine weitere Perspektive und nicht als Gegendarstellung. Stellen Sie Ihre Sichtweise zur Verfügung, ohne zu wissen, ob Sie Bestätigung finden werden. Seien Sie offen, für das, was passiert.

Erst beschreiben, dann bewerten

Wollen wir Verhalten, Wirken und Erleben reflektieren und das mit anderen gemeinsam tun, brauchen auch unsere Mitteilungen eine gewisse Tiefe. Übliche Redewendungen wie «die können das nicht», «wir wissen doch alle» oder «das geht niemals» reichen nicht aus. **Bewertung, Zuschreibung und Interpretation liefern keine brauchbaren Daten, um gemeinsames Denken zu füttern.** Wir müssen unsere Beobachtungen explizit machen und unsere Grundannahmen mitliefern. Wir klettern die Leiter der Schlussfolgerung (⇒ **#1 Wirklichkeit ist ein Konstrukt**) sozusagen herunter und statten dabei unser Urteil mit dem notwendigen Hintergrund aus. So stehen dann Grundannahmen und Interpretationen zur Betrachtung, damit sie überprüft und gegebenenfalls erneuert werden können.

Nehmen Sie sich in einer der nächsten Besprechungen die Zeit, um zu erforschen, wie Sie die Leiter der Schlussfolgerung hinaufsteigen. Fokussieren Sie zunächst das, was Sie beobachten. Beachten Sie die Details. Wer spricht, wie sitzt Ihr Gesprächspartner, welche Worte wählt er oder sie. Nehmen Sie wahr, welche Interpretationen und Zuschreibungen Ihnen in den Sinn kommen. Zu welchen Urteilen führen sie?

Es geht zunächst nur darum, sich die verschiedenen Sprossen der Leiter bewusst zu machen.

Gehen Sie auf die Suche nach «Killerphrasen». Beginnen Sie am besten wieder bei sich selbst. Hören Sie sich manchmal Sätze sagen wie

- Man kann doch nicht ...
- Wir wissen doch alle, wie XY tickt
- Darüber brauchen wir nicht weiter nachdenken
- Wir können nicht einfach ...

Welche Grundannahmen stecken dahinter? Was lässt Sie genau so denken? Wollen Sie das Gespräch weiterführen, dann gehen Sie zurück zu den konkreten Beschreibungen. Stellen Sie Ihre Bewertung und Ihre Annahmen zur Verfügung.

So manches Mal verwenden wir Killerphrasen, um unsere Meinung zu schützen. Wir haben einen klaren Standpunkt und ein anderer stellt genau den infrage. Was dann folgt ist meistens Verteidigung oder auch Gegenangriff, denn wir identifizieren uns mit unserer Meinung. Wir sind, was wir meinen. Da wird jedes Infragestellen als ein Angriff auf die eigene Person empfunden. In der dialogischen Arbeit nach David Bohm gibt es dafür den Begriff des Suspendierens. Gemeint ist, die eigene Meinung nicht zu unterdrücken, aber auch nicht stur daran festzuhalten. All die Annahmen und Überzeugungen, Beobachtungen, Interpretationen und Zuschreibungen, die der eigenen Meinung zugrunde liegen, so mitzuteilen, dass sie von allen Beteiligten (auch von uns selbst) nachvollzogen werden können. Wir nehmen sie wahr, müssen aber nicht zwangsläufig sofort danach handeln. Das ist eine große Herausforderung in Arbeitskontexten, die auf Effizienz und Tempo gedrillt sind und von uns sofortige, eindeutige Standpunkte abfragen. Im praktischen Diskurs nehmen wir diesen Druck heraus und können eine gesunde Distanz zu unserer Meinung einnehmen.

«Reflektierende Praxis ist ein Dialog des Denkens und Handelns, durch den ich gewandter werde.»
(Donald Schön)

Erinnern Sie sich an eine Situation, in der Sie sich Ihrer Meinung sehr bewusst waren und dafür eingetreten sind. Warum sind Sie sich so sicher? Was glauben Sie zu gewinnen, wenn Sie daran festhalten? Was glauben Sie zu verlieren, wenn Sie Ihre Meinung loslassen?

Diese Fragen können Sie sich auch in einer Gruppe stellen, wenn Sie als Gemeinschaft an einer Meinung «hängen».

Es bedarf mitunter einiger Übung, seine Meinungen zu suspendieren, setzt gleichzeitig aber enorme Energie frei und schafft Raum für neue Gedanken und Ideen.

Hören, um zu sprechen!?

Wie gut sind Sie darin, zuzuhören? Die meisten Menschen überschätzen sich selbst und antworten mit gut bis bestens. Ich behaupte, viele Menschen verstehen unter Zuhören lediglich das Aushalten des Nichtsprechens, bis das Gegenüber Luft holt. In vielen Gesprächsrunden erlebe ich zudem, dass kein Bezug auf das vorher Gesagte genommen wird, einzelne Redebeiträge mehrere Themen in einem Rutsch abhandeln, kein Moment der Stille herrscht – Geplapper eben.

Wir üben und trainieren das Sprechen, Argumentationstechniken, Verhandlungsstrategien und das Entschärfen von Killerphrasen. Ein Seminar zu «wirklich hinhören» findet sich in den vielen Katalogen nicht. Zuhören dagegen ist wenig praktiziert und oft ungeübt, dabei können wir es alle. Im organisationalen Diskurs sollten wir Zuhören auch wollen. Sie können für sich erforschen, wann Sie wem unter welchen Bedingungen gern zuhören oder eben nicht. Sie erinnern sicher Situationen, in denen es Ihnen leichtfiel. Vielleicht weil jemand über ein Thema sprach, und Sie den Ausführungen zustimmten oder weil Sie die Person gern sprechen hören. Andererseits haben Sie sicher auch schon «weggehört» oder sind aus dem Kontakt gegangen. Vielleicht war die andere Sichtweise konträr zu Ihrer, der emotionale Ausschlag Ihrerseits heftig? Wenn uns etwas stark triggert, bei dem, was ein Kollege oder eine Kollegin sagt, dann sind wir mit unseren Erinnerungen beschäftigt. Trigger rufen gemachte Erfahrungen auf. Ab da hören wir noch höchstens selektiv zu oder gar nicht mehr, weil wir mit uns selbst beschäftigt sind.

«Es ist das Ohr, das die Dunkelheit durchdringt, nicht das Auge.»
(Massai-Weisheit)

Üben Sie sich im Zuhören. Versuchen Sie in einer kommenden Besprechung, die inneren Stimmen anzuhalten. Folgen Sie nicht sofort Ihren eigenen Gedanken, sondern denen Ihres Gegenübers. Verlangsamen Sie den inneren Prozess auf Schneckentempo und werden Sie neugierig auf die, eventuell auch ganz andere, Sichtweise des Anderen.

Als Gruppe reflektieren

Stellen Sie sich eine Gruppe Menschen vor, die sich zum praktischen Diskurs über den «Umgang mit Fehlern» trifft. Die Damen und Herren arbeiten in der Fertigung, dem Marketing, Controlling und dem Innovations-Lab. Wenn sie alle nur «individuell zuhören», dürfte es ein oberflächliches Gespräch werden, denn arbeitsteilig ist eine mit anderen Bereichen unvereinbare Sicht auf Fehler wahrscheinlich. Praktizieren die Teilnehmenden kollektives Zuhören, lauschen sie auf Wirkbeziehungen in den Erzählungen und Sichtweisen. Erkennen sie das große Ganze, die Ebene, auf der sie verbunden sind? Entweder-oder-Gedanken weichen dem Sowohl-als-auch. Gemeinsame Sinnsetzung wird möglich.

In einem nächsten Gespräch, in dem sich diverse Perspektiven gegenüberstehen und scheinbar nicht zusammenhängen, richten Sie Ihre Aufmerksamkeit auf die Verbindungen dahinter. Welche gemeinsame Wahrheit kann unter den verschiedenen Perspektiven liegen? Gibt es gemeinsame Muster? Welche gemeinsamen Strukturen bilden diverse Perspektiven?

Die Reflexionsfähigkeit der Menschen zu erhöhen, ist nicht ausgewiesener Zweck des organisationalen Diskurses. Das geschieht nebenbei. Reflektiert werden die kollektiven Bewertungsmuster und Routinen auf der organisationalen Ebene. Gleichzeitig ist es wichtig und notwendig, auf der individuellen Ebene zu beginnen. Trifft sich beispielsweise eine Gruppe zum Thema Fehlerkultur, dann ist es wenig zielführend mit der Tür ins Haus zu fallen, also beispielsweise mit einer Frage wie «Welchen Mustern und Routinen folgt Ihr in Bezug auf Euren Umgang mit Fehlern?» zu starten. Die wenigsten Gruppen sind Reflexion in der Gemeinschaft gewohnt und so greifen sämtliche «Spielregeln», die im Arbeitsalltag längst etabliert sind. Die beobachtbare Folge: Schweigen in der Runde oder wieder nur Geplapper.

Zunächst werden die Teilnehmenden angeregt, in sich hineinzuspüren und sich auch emotional im Thema zu verorten. Welche Konnotation hat der Begriff Fehler? Wie sind sie persönlich sozialisiert im Umgang mit Fehlern? Was versteht jeder einzelne unter dem Begriff? Welche Gefühle ruft der Begriff Fehler wach? Welche «Fehlergeschichte» möchten die Teilnehmenden teilen? Die verschiedenen Erfahrungen, Definitionen, Bedeutungen und Geschichten machen allen deutlich, auch ohne es explizit auszusprechen, wie verschieden die Sichtweisen zum Thema Fehlerkultur sind. Zudem lernt sich die Gruppe über diesen Austausch besser kennen und kann den Blick dann erweitern, vom Selbst zum Wir.

In der Gruppe sind viele Reflexionen identisch beziehungsweise sehr ähnlich zu den individuellen. Es geht in diesem Schritt des «RIDA-loops» vornehmlich darum, sich in der Gruppe die «Geschichten», statt der aufsummierten Bewertungen zu erzählen und Muster zu erkennen. Was eint uns? Was unterscheidet uns? Welche Muster halten wir für passend, welche nicht? Welche kollektiven Überzeugungen prägen unser individuelles Verhalten?

Ein zentraler Aspekt ist und bleibt die Sprache, in der wir miteinander reden. Zu einem bestimmten Thema werden der Gruppe verschiedene Begriffe angeboten und nach deren Konnotation (positiv, negativ) gefragt. Das regt die Auseinandersetzung mit der jeweiligen Bedeutung an. Die ersten Erkenntnisse liegen in der gemeinsamen Bedeutung von Begriffen und auch in «verwenden wir hier» und «verwenden wir nicht».

Wie differenziert reden wir zu einem Thema? Wie kommen Bewertungen zustande? Welche Grundannahmen und Interpretationen stecken im jeweiligen Urteil? Wofür ist das eventuell schnelle Bewertungs-Sprechen gut?

Die gemeinsame Reflexion innerhalb der Gruppe trainiert das Denken in Wechselwirkungen, schärft das Bewusstsein für Sprache und schafft Klarheit über das, was klar und was unklar ist. Die Gruppe soll sich an dieser Stelle weder auf eine Sichtweise einigen noch eine konkrete Verabredung treffen. Sinn und Zweck ist zunächst das Bewusstmachen der gelebten Muster und Routinen in der Organisation rund um relevante Themen des Veränderungsprozesses.

Das Nicht-Besprechbare

Es gibt sie in jeder Organisation, auf der formalen und informellen Ebene. Sie sind bekannt und erfüllen einen Zweck. Die Rede ist von Tabus. Der kleine Dienstweg beispielsweise, der vorbei an der formalen Hierarchie für schnelle Unterstützung sorgt, ist ein klassisches Beispiel. Es wird gelebt, aber nicht thematisiert. Würde dieses Tabu einfach so ans Licht gezerrt, besteht die Gefahr der «Strukturstörung», denn wie soll stattdessen schnelle Hilfe möglich sein? Es gibt den kleinen Dienstweg, weil die formale Struktur das nicht ermöglicht. Er ist also erst einmal ein wichtiger Faktor für die Wertschöpfung. Alle Beteiligen sorgen dafür, dass das so bleibt.

Es gibt dafür unzählige Beispiele. Die Tabuisierung von Macht erlebe ich in agilen Kontexten immer wieder. Jeder weiß, wer Macht ausübt (weil sie ihm oder ihr zugeschrieben wird), besprochen werden kann das nicht ohne Weiteres. Tabus haben also ihre Vorteile, können aber gleichzeitig die Produktivität und Zusammenarbeit beeinträchtigen. Um Tabus bewusst zu machen, braucht es Fingerspitzengefühl. Es gibt immer Themen, die auch in tiefen Diskursen kollektiven Denkens nicht benannt werden (können). Abhängig von der konkreten Veränderung kann es sinnvoll sein, Tabus besprechbar zu machen.

Wie gut Ihr «Diskurs-Design» auch sein mag, es wird Themen und Aspekte geben, die nicht einfach so zur Sprache kommen. Welche Aspekte haben wir bisher nicht betrachtet? Auf was sollten wir unsere Aufmerksamkeit noch lenken? Was kann sich entwickeln, wenn wir das mit einbeziehen? Welche Frage haben wir uns noch nicht gestellt?

Lassen Sie die Gruppe im praktischen Diskurs Antworten zu den folgenden Fragen besprechen:

- Welche Tabus in unserer Organisation können wir benennen?
- Warum war es bisher gut, sie nicht offen anzusprechen?
- Welchen Preis zahlen wir für deren Veröffentlichung?

Kulturrelevante Themen und Aspekte werden in kurzen Texten, Videos und Fragestellungen in die Gruppe gegeben. Was betrachten und benennen wir wie? Was sind unsere Interaktionsmuster? Wie denken wir darüber? Welche Erfahrungen bringen die einzelnen Teilnehmenden dazu ein? Welche Überzeugungen und Grundannahmen liegen unserem Denken zugrunde? Das Ziel dabei ist, sich die eigenen, aber vor allem die kollektiven Bewertungsmuster bewusstzumachen.

DIE ERKENNTNISSE IN KURZFORM

- Reflektieren im praktischen Diskurs bedeutet, sich die gemeinsamen Bewertungsmuster bewusst zu machen.
- Es hilft, wenn wir uns selbst darin üben, Beobachtung, Interpretation und Bewertung zu unterscheiden.
- Wir sind trainierter im Sprechen, als im Zuhören. Das dürfen wir üben.
- Tabus existieren in jeder Organisation. Behutsam nach ihnen zu tasten und sie, wenn möglich, besprechbar zu machen, erhöht die Qualität des Diskurses.

2. Irritate

Wir schreiben das Jahr 2030. Zwei globale Konsortien liefern sich ein Wettrennen um die Ressourcen auf dem Mond und im Asteroidengürtel. PebbleX hat sich auf robotergesteuerten Asteroiden-Bergbau spezialisiert und versucht seine Präsenz im Weltraum zu sichern. Das ist vor allem eine Maßnahme gegen den strategischen Konkurrenten, die Circular Space Corporation, die ihrerseits führend ist im Abbauen von Helium-3 auf dem Mond. Mit exklusivem Zugriff auf seltene Erden und Metalle will sie sich als führende Wirtschaftsmacht etablieren.

In den 2040er-Jahren kommen die ersten automatisierten Bergbauprogramme auf den Markt, die neue Schürfwerkzeuge und ein noch nie dagewesenes Maß an Komplexität mit sich bringen. Die ersten autonomen Bohrgeräte, die für die Probenahme konzipiert sind, werden bald von Anlagen zur Gewinnung, Sortierung, Verhüttung und Raffination im industriellen Maßstab begleitet. Die Komplexität der Bergbauoperationen in Verbindung mit der Latenzzeit über bestimmte Entfernungen macht eine Fernsteuerung unmöglich, sodass die Entwicklung neuer, autonomer Systeme erforderlich ist. Die Fernverwaltung durch Ingenieure im Back-Office wird jedoch die Norm bleiben. Dies bedeutet auch, dass KI-gesteuerte Montage- und Tiefbaukapazitäten erforderlich sind.

Infolgedessen werden erst in den Jahren 2040 bis 2050 Anlagen entstehen, die in ihrer Größe mit den größten irdischen Bergwerken vergleichbar sind. Die Investitionen für diese Projekte belaufen sich auf mehrere Billionen Euro und übersteigen häufig das jährliche Bruttoinlandsprodukt der großen irdischen Nationen.

In den 2040er-Jahren eskaliert aber auch der Wettbewerb zwischen PebbleX und der Circular Space Corporation. Mehr als zehn Jahre lang beherrschen gegenseitige Sabotage, Denunziation, AI-hacking, Vandalismus und Schuldzuweisungen ihre Beziehung. 2058 deklariert CSC einseitig eine exklusive Wirtschaftszone rund um den Mond. PebbleX etabliert wenige Jahre später eine Mondbasis. Die Spannungen nehmen weiter zu, bis der Mond zum Schlachtfeld wird. Mitarbeitende und Repräsentanten der Konsortien liefen sich Überfälle und Schlägereien. Die ersten menschlichen Opfer auf dem Mond sind zu beklagen.

Jetzt ist Deeskalation geboten, um die entstandene Pattsituation aufzulösen und eine stabile geopolitische Lage auf der Erde zu gewährleisten. Gegenseitige Friedenserklärungen in den späten 2060er-Jahren besiegeln einen Frieden, der allerdings fragil ist. Sowohl PebbleX als auch CSC beginnen ein technologisches und militärisches Wettrüsten im All. Die Militärbudgets explodieren auf beiden Seiten. Als die Circular Space Corporation mit der Sabotage der PebbleX Mondstation scheitert, reagiert das Konsortium mit einer Gegenoffensive. Die Wahrscheinlichkeit einer nuklearen Auseinandersetzung steigt. 2075 könnte das Weltall die Bühne eines hochexplosiven Konfliktes sein. (Frei übersetzt von https://redteam-defense.org/en/season-3/the-space-rush)

Was für eine verrückte Geschichte. Und es gibt noch mehr davon. Alle finanziert vom französischen Verteidigungsministerium. Geschrieben von Science-Fiction-Autoren und -Autorinnen. Sie bilden das sogenannte Red Team. Unterstützt werden sie von Experten aus dem Verteidigungsministerium (Blue Team), Wissenschaftlern der Universität Paris Sciences et Lettres (White Team) und von Expertinnen und Experten für themenspezifischen Input (Purple Team).

Seit 2019 lässt das Verteidigungsministerium Frankreichs so Szenarien der Zukunft erarbeiten und stellt dafür einen Millionenetat zur Verfügung. Spielerei? Mitnichten. Es dürfte uns allen klar sein, dass kriegerische Auseinandersetzungen nicht mehr auf einem klassischen Schlachtfeld stattfinden. Das ist ja schon länger zu beobachten. Aber wohin können der Einsatz von KI, Drohnen, oder der Klimawandel führen? Welche Welt gestalten wir uns? Frankreich ist vermutlich nicht das einzige Land, das mit Red Teams arbeitet. Sie sind dabei jedoch sehr offen. Das allererste

Szenario ging der Frage nach, ob Piraten eine strategische Bedrohung sein könnten, und es entstand eine Geschichte autarker Piratennationen, die aufgrund des Klimawandels migrieren. Mittlerweile sind es mehr als ein Dutzend Geschichten über Bioterrorismus, Fake News und alle erdenklichen Einflüsse auf mögliche Zukünfte. Die Szenarien sind «das Futter» für das Blue Team und werden von den Experten im Verteidigungsministerium als Basis für ihre Planungen, Ausrichtung und Fokussierung genutzt.

Die Idee des Red Teaming, die hier vor allem für das Imaginieren genutzt wird, ist weder neu noch in Frankreich erfunden. Popularität erfuhr der Ansatz durch das US-amerikanische Militär und dessen Red Team University. Der Grundgedanke: irritieren, und zwar konstruktiv.

Red Teaming geht zurück auf die sogenannten Kriegsspiele, die im 19. Jahrhundert auch in der preußischen Armee genutzt wurden, um über Perspektivwechsel den Gegner besser einschätzen zu können. Einsatzpläne wurden so auf Schwachstellen hin betrachtet. Häufig nahm man dazu Aufstellungsbretter und Holzblöcke. Rote Flaggen markierten den Feind, dessen Möglichkeiten und Strategien man mitdenken wollte. So entstand der Begriff Red Team.

Das US-amerikanische Militär gründete die Red Team University, nach dem viele Jahre durch friendly-fire getötete Soldatinnen und Soldaten, reine Befehlsbefolgung und viele Fehlentscheidungen ein Umdenken erzwungen haben. Die US-Armee wusste, dass sie in Afghanistan und im Irak maßgeblich zur katastrophalen Lage beigetragen hatte und wollte für die Zukunft eine Wiederholung verhindern. Das eigens eingerichtete Lessons-learned-Team des Pentagon hatte klar rausgestellt, dass Annahmen nicht hinterfragt werden, Perspektivwechsel ein Fremdwort war und Arroganz aus vergangenen Erfolgen vorherrschte. Seit 2004 bildete die University of Foreign Military and Cultural Studies Red Teamer aus, die dann in Einsatzgebieten die Entscheidungsträger und Truppen unterstützten. Das Curriculum hat vier tragende Säulen:

- Kulturelle Empathie fördern
- Selbstwahrnehmung und -reflexion
- Unterstützung bei der Entscheidungsfindung, Gruppendenken verringern
- Angewandtes Kritisches Denken

Das Fundament bilden zahlreiche Methoden und Werkzeuge, die Red Teamer nutzen, um zu irritieren. Im Oktober 2021 entzog die Regierung Donald Trumps der UFMCS die Gelder und schloss die Red Team University.

Irritation, also das Stören der etablierten Ordnung, ermöglicht Lernen (und damit Veränderung). Das gilt auf der individuellen, als auch auf der organisationalen Ebene. Der Klarheit wegen: Mir geht es nicht darum, den steten Ruf nach Querdenkern und Systemsprengern zu unterstützen, die moderne Organisationen angeblich brauchen und die dann für Erneuerung sorgen. Das ist, mal wieder, zu linear gedacht. Wir müssen bei all den Überlegungen hier berücksichtigen, dass sowohl Individuen als auch soziale Systeme gern so bleiben, wie sie sind. Sie konstruieren Sinn aus ihren eigenen Bedeutungsmustern heraus (⇒ **#2 Organisation als komplexes System**). Damit haben wir alle vermutlich ausreichend Erfahrung. Wie leicht lässt sich Neues in den altbekannten Deutungsmustern «weg-erklären» oder trivialisieren?

«Agilität ist ja auch nichts anderes, als wir jetzt schon machen.»

«Autonome Teams gehen mit unseren Mitarbeitenden nicht.»

Das Neue, was immer das sein mag, muss also erst einmal als solches auf der Wahrnehmungsoberfläche auftauchen. Der organisationale Diskurs braucht deshalb eine deutliche Abgrenzung zum üblichen Bestätigungslernen, dass mit all den wissensvermittelnden Seminaren und «Es-soll-angenehm-sein»-Workshops stattfindet. Der Schlüssel ist Irritation. Wobei sie nicht als Rezept daherkommt. **Irritation muss nicht mit Lernen beantwortet werden, sie kann angenommen oder auch abgewiesen werden. Aber, sie lässt sich als Lernanlass verstehen und nutzen.**

Es gibt dabei allerdings Neues und *Neues*. Soll heißen, dass vieles von dem vermeintlich Fremden schon erwartbar beziehungsweise bestimmt ist. Verordnen oder verabreden Sie in Ihrer Organisation beispielsweise ein Qualitätsmanagement, dann stecken darin zwar viele unbekannte Variablen, aber es existiert ein grobes Bild davon, was das sein kann und was es bedeutet. Auch wenn das Bild nicht aus einer Eigenerfahrung stammt. Irritation bietet vollständig neue Deutungsmuster und ganz neue Zusammenhänge an, die mit den bisherigen Erkenntnissen und Erfahrungen nicht erklärt werden können. Sie erweitert, wenn sie zum Lernen genutzt wird, die Deutungsmuster und die Sinnsetzung. Das ist üblicherweise kein leiser, kaum bemerkbarer Prozess, sondern ein Skandal. Das Neue wirkt als Störung, die das bisherige Verständnis infragestellt und dagegen Widerstand leistet. Empörung ist häufig eine direkte Reaktion darauf. Die systemtheoretische Perspektive bietet viele solcher Störungen an. «Woraus besteht eine Organisation?» ist ein Klassiker, mit dem sich Menschen leicht empören lassen. Die Antwort ist nämlich nicht in erster Linie aus Menschen, sondern aus Kommunikation. Dass eine Organisation zuallererst aus ihren Mitgliedern besteht, ist eine Überzeugung, die scheinbar sehr tief im Unbewussten aufbewahrt wird. Das mal nicht zu denken, ruft Empörung hervor. Sind doch gerade Bereiche wie HR oder Führungsrollen seit Dekaden darauf geschult den Mitarbeitenden in den Mittelpunkt zu stellen.

Die spannende Anschlussfrage lautet: Was machen die Führungskräfte mit der Irritation? Erstmal ist sie nicht mehr als ein Signal, das auf Grenzüberschreitung bestehender Deutungsmuster hinweist. Sie macht sichtbar, was nicht gesehen wird. Zudem unterstützt sie die Reflexion, denn sie holt tiefe Überzeugungen an die Oberfläche und macht sie somit der Betrachtung und Überprüfung zugänglich. Wie schön einfach wäre es doch, wenn Irritation immer und direkt für Lernen sorgte. Dann würden die zahlreichen Design-Thinking-Events und gamifizierten Lernreisen genügen, um für Anregung zu sorgen. Dem ist nicht so, und damit verrate ich kein Geheimnis.

Im Gegenteil, eine oft beobachtbare Strategie, auf Irritation zu reagieren liegt darin, ihr keine Relevanz zuzuschreiben. *Was ist denn so besonders an dieser Sichtweise?* Und schon einigen sich die Führungskräfte darauf, dass ja Menschen kommunizieren und es so doch wieder um die Mitarbeitenden geht. Überhaupt gäbe es ja Menschen, die unverzichtbar seien und die großen Einfluss auf die Kommunikation haben. Das Neue wird assimiliert und für die bestehende Denkwelt zurechtgestutzt. Der

Zweck der Assimilation ist offensichtlich: Stabilität. Bestehende Muster und Routinen können beibehalten werden. Darüber hinaus ist genau das auch Bestätigungslernen, das Fremdes und Neues ablehnt. Das System lernt so immer wieder, wie es Bisheriges bestätigt und Neues abweist. Ein wichtiger Aspekt in der Haltung zum organisationalen Diskurs ist deshalb, Irritation als Lernanlass zu begreifen und die Irritationsfähigkeit der Organisation zu trainieren.

«Irritation ist kostbar.»
Niklas Luhmann

Um Gruppen und damit auch die einzelnen Menschen in einem praktischen Diskurs konstruktiv zu stören, haben sich einige Werkzeuge bewährt. Eine Auswahl der «Denkrahmen erweitern»-Interventionen, sind die Folgenden. Bitte bedenken Sie dabei, dass diese Interventionen Ihnen als Inspiration dienen sollen. Entnehmen Sie Teile, Fragmente, einzelne Fragen oder was auch immer Sie in Ihrem Kontext für zielführend halten.

Bisoziation: kreativ spinnen I

Was hat ein Zirkuszelt mit Kundenzentrierung zu tun? Vordergründig gar nichts und genau darum geht es. Bei der **Bisoziation** wird ein vom eigentlichen Thema völlig unabhängiger Kontext genutzt, um Kreativität freizusetzen. Während bei der Assoziation die Ebene, auf der nach Ähnlichem gesucht wird, unverändert bleibt, arbeitet die Bisoziation auf verschiedenen Ebenen. Der Begriff wurde von dem ungarisch-britischen Autor Arthur Koestler etabliert.

- Das Problem/die Aufgabe werden klar formuliert.
- Aussuchen einer Inspirationsquelle. Das können Bilder, Begriffe, Vorstellungen sein. Persönlich arbeite ich gern mit Bildern (Zirkuszelt, Kinderspielplatz, Skifahren, Freibad, ...).
- Freies Assoziieren zum ausgewählten Bild. «Wir verbinden Kinderspielplatz mit ...».
- Erarbeiten von Analogien zum Problem/zur Aufgabe.

- Übersetzen der passendsten Analogien in die Praxis. Dabei müssen die Ideen meist angepasst werden.

TRIZ: kreativ spinnen II

Was müssen wir aufhören zu tun, um unsere Aufgabe/die Veränderung zu erreichen? Die Theorie des erfinderischen Problemlösens (TRIZ, Genrich Altschuller) lädt zum kreativen Ruinieren Ihrer Veränderung ein, um hindernde Aktivitäten und Verhaltensweisen zu finden.

- «Erstellt eine Liste mit Aktivitäten und Verhalten, über die Ihr das garantiert schlechteste Ergebnis erreicht.» Dabei ist Absurdes, Unmögliches und Verrücktes ausdrücklich willkommen.
- «Welche Punkte auf der Liste tun wir heute schon zum Teil oder in ähnlicher Weise?» Schonungslose Ehrlichkeit ist hier gefragt.
- «Wie können wir unser kontraproduktives Verhalten beenden?» Die wesentliche Frage an dieser Stelle ist die, was zu lassen ist.

Science-Fiction: kreativ spinnen III

In jedem Menschen steckt ein Science-Fiction-Autor oder eine -Autorin. Schreiben Sie einzeln oder miteinander ein Szenario für ein konkretes Vorhaben. Nehmen Sie Ihre aktuelle Situation als Ausgangslage und spinnen Sie los. Versetzen Sie sich so intensiv wie möglich in die Rolle eines Sci-Fi-Autors und denken Sie frei in die Zukunft. Wohin kann Sie Ihr Vorhaben führen? Utopie oder Dystopie? Was wird in 50 oder 100 Jahren daraus erwachsen sein?

Pro und kontra: kreativ streiten

In kontrollierten Streitgesprächen werden Argumente für und auch gegen eine Position ausführlich beleuchtet. Es geht dabei um Meinungsaustausch und Perspektivwechsel, nicht unbedingt um die Einigung auf eine Sichtweise. Zum Thema oder Problem müssen sowohl zustimmende als auch ablehnende Meinungen möglich sein.

- Die Hälfte einer Gruppe wird zu PRO, die andere zu KONTRA. Beide Gruppen überlegen sich kurz Argumente, die sie vorbringen möchten. Sich dabei schon auf mögliche Gegenargumente vorzubereiten, kann helfen.
- Diskussionsrunde 1: Eine Person der Gruppe PRO stellt ein erstes Argument vor. Es muss begründet werden. Eine Person der Gruppe KONTRA gibt das Argument mit eigenen Worten wieder und versucht dann, es inhaltlich zu widerlegen. Es geht weiterhin um das eine Argument!
- Diskussionsrunde 2: Eine Person der Gruppe KONTRA bringt ein Argument vor und die PRO-Gruppe versucht es zu widerlegen.
- Der Ablauf wird wiederholt, bis alle Argumente betrachtet wurden.
- Beide Gruppen halten ein kurzes Plädoyer und fassen die Argumente zusammen.
- Folgende Regeln haben sich dabei bewährt: Jeder muss sich in der jeweiligen Gruppe mit der Grundhaltung identifizieren können und sie durchhalten. Alle Beiträge sind kurz, präzise, und jedes Argument wird begründet. Der Sprechende wird nicht unterbrochen.

Ritual Dissent: schnell verbessern

Das Konzept des Ritual Dissent stammt vom Unternehmen Cognitive Edge. Die Idee ist, dass Konzepte, Lösungsvorschläge durch iteratives Kritisieren schnell verbessert werden können. Hier ist eine «hohe Betriebstemperatur» in der Gruppe gewünscht. Es ist deshalb ratsam, dass alle Beteiligten sich bewusst machen, dass es um die Kritik an einer Idee geht, nie an einer Person.

- Eine Person stellt ihr Konzept, ihre Idee oder Lösung in maximal drei Minuten der Gruppe vor. Die Person wird nicht unterbrochen.

- Nach Ablauf der Zeit setzt sich der Sprechende mit dem Rücken zur Gruppe (oder schaltet seine Kamera aus, wenn es eine virtuelle Veranstaltung ist).

- Die Gruppe zerlegt das Konzept oder die Idee. Jede Form von Kritik ist erlaubt und erwünscht – es geht darum, die Idee zu «zerfetzen». Alle dürfen durcheinander sprechen, es darf lustig, ernst, übertrieben und absurd sein. Die Person wird nicht angegriffen, es geht immer um die Idee. Die entsprechende Person macht sich Notizen und überarbeitet ihr Konzept gegebenenfalls.

- In der nächsten Runde wird das überarbeitete Konzept vorgestellt, und eine neue Iteration startet. Dieser Ablauf wird so lange wiederholt, bis die Idee «gut genug» ist. Drei Iterationen haben sich als passend in der Praxis bewährt.

Perspektiven sind zum Wechseln da

Wollte Walt Disney kreativ sein oder ein Problem durchleuchten, dann soll er dazu in seinem Haus drei verschiedene Räume genutzt haben. Diese Anker haben ihm geholfen, diverse Perspektiven einzunehmen. Das unterstützt, ist aber kein Muss. Es geht darum, aus drei Perspektiven auf ein Thema zu schauen. Die Reihenfolge ist wichtig.

- Der Träumer: Die Gruppe erlaubt sich, zu dem eigentlichen Thema zu spinnen, zu visionieren, Ideen zu benennen – frei und ohne Begrenzungen. Wichtig ist, dass die Gruppe geschlossen in diesem Modus bleibt, damit Ideen fließen und es keine schnellen Bewertungen oder Hindernisse gibt. Die tatsächliche Umsetzung bleibt bewusst außen vor. Es geht um das Was, nicht das Wie.

- Der Realist: In dieser Rolle sucht die Gruppe nach realen Umsetzungsmöglichkeiten. Die Frage hier ist lediglich Wie, nicht Ob.

- Der Kritiker: *Haben wir eigentlich schon bedacht, dass ...?* Im Modus Kritiker überlegen die Teilnehmenden, welche Stärken und Schwächen in der Idee schlummern und welche Verbesserungen möglich sind.

- Der Durchlauf durch die drei Rollen startet erneut, bis eine Idee «fertig» ist.

Konstruktivistisch-systemisches Fragen

Jede Form von konstruktivistisch-systemischem Fragen kann als Irritation wirken, da sind unserer Fantasie keine Grenzen gesetzt. Eine kleine Auswahl zur Anregung habe ich hier zusammengestellt:

- Was würde unser Kunde sagen, wenn ...?

- Was würde Paul Watzlawick sagen, wenn er in unserem Jour fixe säße?

- Was sagen die Befürworter/Gegner einer bestimmten Position?

- Was würde ein Weiser an dieser Stelle denken?

- Wie schaffen wir es, immer wieder für xy zu sorgen?

- Welchen Nutzen hat das Problem/Verhalten für uns auch in der Zukunft?

- Wie wurde mit der Situation umgegangen, als das Problem noch nicht bestand?
- Was können wir tun, um mit unserem Vorhaben vollständig zu scheitern?
- Wie können wir unsere Lage verschlimmern?
- Wir können wir unsere Kunden, die Mitarbeitenden oder das Management gegen uns aufbringen?
- Angenommen, ihr fangt es morgen anders an ...
- Welches Bild kommt euch zu der aktuellen Situation in den Sinn?
- Was kann euch abhalten, etwas zu verändern?

Reframing

Selbstverständlich gehört Reframing zur Grundausstattung im Werkzeugkoffer der Irritation.

Im *Kontext-Reframing* wird beispielsweise für ein negativ konnotiertes Verhalten ein Kontext gefunden, in dem das Verhalten sinnvoll und nützlich ist. «Der Kunde kommt laufend mit neuen Anforderungen.» In welchem Kontext ist das nützlich? «Der Kunde reagiert seinerseits auf Dynamiken am Markt und bleibt flexibel.»

Es kann auch hilfreich sein, nach einer anderen Bedeutung zu schauen. *Bedeutungs-Reframing* erweitert die Bewertungsmöglichkeiten. *Wir ändern ja eh nichts, egal wie viele Seminare wir besuchen. Das frustriert.* Wie lässt sich «nichts verändern» noch interpretieren? *Wir sorgen so für Stabilität und Sicherheit.* Eines ist mir dabei wichtig anzumerken: Es geht in keinster Weise um das hemmungslose Schönreden von Allem und Nichts. Das Gute im Schlechten zu suchen, wirkt schnell zynisch. Vielmehr kann Reframing andere Perspektiven öffnen.

Der frühere Fußballtrainer Otto Rehagel wurde häufig als ein Meister des Reframings bezeichnet. Auf die Frage, ob ihm die divenhaften, komplizierten Spieler in seinem Team nicht auf die Nerven gingen, antwortete er: *Spieler, die mir keine Probleme machen, kann ich nicht gebrauchen, die machen dem Gegner ja auch keine!* Das Zitat ist nicht verifiziert, aber trotzdem ein schönes Beispiel für Umdeutung.

Entsprechende Irritationen auf der inhaltlichen Ebene sind vom jeweiligen Veränderungsvorhaben und dem Kontext abhängig. Dass sie auf fruchtbaren Boden fallen wird wahrscheinlicher, wenn die Menschen im praktischen Diskurs explizit eingeladen sind, sich irritieren zu lassen und der entsprechende Raum dafür geschaffen wird.

DIE ERKENNTNISSE IN KURZFORM

- Irritation ist notwendig, um Lernen zu initiieren. Sie holt uns aus den gewohnten Denkmustern.
- Irritation ist eine Möglichkeit, aber kein Garant für Lernen.
- Red Teaming ist ein Ansatz, um Reflexion, Kreativität und kritisches Denken zu fördern.

3. Declare

«Vor langer Zeit beschloss einst die Wahrheit unter die Menschen zu gehen. Und so ging sie in die nächste Stadt. Als die Menschen sie sahen, rannten sie schreiend davon. Die Kinder stieben vor Angst in alle Richtungen davon, die Frauen schlossen Türen und Fenster und die Männer wandten sich um. Denn die Wahrheit war nackt und dunkel. So ging es der Wahrheit immer, sobald sie einem Menschen begegnete. Darüber wurde sie sehr traurig. Eines Tages sah sie in den Straßen einer Stadt ein anderes Wesen. Das lachte und hatte Kleider aus buntem Stoff und farbige Tücher um. Es schwebte federleicht durch die Straßen und war umringt von lachenden Kindern, die an seinen Kleidern hingen, die Frauen öffneten die Türen und lehnten sich freudestrahlend aus den Fenstern, die Männer wandten sich ihm zu und lächelten. Da ging die Wahrheit auf das Wesen zu: «Wer bist du? Und wie kommt es, dass dich die Menschen so gern um sich haben, und immer wenn sie mich sehen, rennen sie voller Angst davon?» «Ich bin das Märchen», antwortete ihr das fremde Wesen, «und wenn ich dich so anschaue, verstehe ich die Menschen gut. Du bist nackt und dunkel und siehst furchterregend aus. Komm mit mir.» Und das Märchen nahm die Wahrheit bei der Hand und führte sie in einen nahen Laden. Dort behängte sie die Wahrheit mit wenigen bunten Tüchern und kleinen Schmucksteinen. Und so gingen die beiden wieder hinaus auf die Straßen und die Menschen rannten nicht mehr schreiend davon. Seit dieser Zeit kann es gelegentlich geschehen, dass sich die Wahrheit im Gewande des Märchens zeigt.» (Nikolaus Kolleth, 1999)

Die Wahrheit hat es nicht leicht, und wir mit ihr auch nicht. Die Gewänder, in die sie sich hüllt, sind aufgehübscht und es ist nicht mehr offensichtlich, ob sich darunter die Wahrheit, ein «fehlerhafter Fakt» oder die Lüge verbirgt. Die Sprecherin des damaligen US-Präsidenten Trump, Kellyanne Conway, prägte 2018 den Begriff der alternativen Fakten. Ihr Gespräch mit dem Sender NBC lief in etwa folgendermaßen:

Kellyanne Conway: «Unser Pressesprecher hat dazu alternative Fakten genannt.»

NBC: «Alternative Fakten? Sehen Sie, alternative Fakten sind keine Fakten. Es sind Unwahrheiten.»

Kellyanne Conway: «Sie können über mich lachen, wenn Sie wollen. Ich bin größer als das.»

Im Organisationalltag geht es ebenfalls um Wahrheit(en) und die damit verbundene Deutungshoheit. *KPI sorgen für bessere Leistung, unsere Mitarbeitende können nicht selbstorganisiert arbeiten, Arbeit soll Menschen glücklich machen.* Das sind klassische Beispiele für «Wahrheiten», die mir oft begegnen. «Richtig oder Falsch» sind dabei unpassende Kategorien. Passender: Halte ich diese Gedanken für wahr? Wichtig ist zunächst zwischen Fakten und Wahrheit zu unterscheiden. Genau jetzt, da ich diese Zeilen schreibe, regnet es hier in Münster. Das könnte ich beweisen. 2 x 8 ergibt 16, das zweifelt (fast) niemand an. Der längste Fluss der Welt ist der Nil. So weit, so faktisch. Kehren wir gedanklich zu den eben genannten KPI und der Selbstorganisation zurück, dann lassen sich diese Thesen nicht beweisen. Es sind Überzeugungen, subjektive Wahrheiten.

«...Man muss den anderen zu einem Spiel einladen, das diese verhängnisvollen Kategorien des Denkens einfach in den Hintergrund treten lässt oder ganz zum Verschwinden bringt. Mit meinen Studenten habe ich, um ein Beispiel zu nennen, ausgemacht, dass jeder, der ein Wort wie «Realität», «tatsächlich», «Wahrheit», «Objektivität» verwendet, ein paar Dollar in eine Kasse zahlen muss, deren Inhalt wir dann irgendwann für eine gemeinsame Unternehmung verwendet haben. Natürlich, man darf von *der Wirklichkeit* sprechen, aber das kostet eben zwei Dollar. Und von *der Wahrheit* zu reden, kann ziemlich teuer werden. Mit Hilfe dieses kleinen gemeinsamen Spieles entstand eine Aufmerksamkeit für die autoritäre Kraft solcher Formeln, man lernt auf diese Weise, eine andere Sprache zu gebrauchen.» (Heinz von Foerster, 1998)

Wollen wir diskursiv über unsere Zusammenarbeit, die Produktstrategie oder unsere Fehlerkultur nachdenken, dann reden wir dabei über Dinge, die sich der Objektivität entziehen. **Wir suchen nicht nach einer faktischen Wahrheit, sondern nach der sozialen.** Die entsteht eben genau in der Auseinandersetzung, denn wir legitimieren nicht, was wir schon wissen, sondern erforschen, bis zu welchem Punkt es möglich ist, anders zu denken. Wir brauchen dazu weiterhin Aufmerksamkeit und Reflexion auf die etablierten Routinen und Spiele, um die gemeinsame Wahrheit zu produzieren.

«Wir brauchen das negative Gefühl von Unstimmigkeit als Weg zur Kohärenz.» (David Bohm)

In diesem Kapitel geht es darum, mit dem Drang nach schnellen Lösungen und einem häufig anzutreffenden Harmoniebedürfnis in Organisationen umzugehen. Aushandeln, nachgrübeln, noch einmal durchdenken, hinterfragen, vertreten, frei von Taktik und mit dem Blick auf die Organisation und ihre Zukunft – das ist in diesem Schritt des praktischen Diskurses angesagt. **Erwarten oder besser erhoffen Sie sich, mit einer revidierten Meinung den Diskurs zu verlassen. Seien Sie enttäuscht, wenn nicht.** «Declare» bedeutet konstruktives Streiten und Auseinandersetzen.

Der Mut zur Wahrheit

So betitelte Michel Foucault seine letzte Vorlesung am Collège de France. Er beschäftigte sich darin mit der Frage, wie freies kühnes Sprechen möglich ist. Das sei vornehmlich eine Haltung, nämlich wahr zu sprechen und nicht bewusst die Wahrheit (das, was der Sprechende dafür hält) zu dehnen, biegen oder verdrehen. Nicht zu lügen, so ließe es sich auch beschreiben. Mut ist dazu an den Stellen notwendig, an denen damit Bestehendes, Etabliertes oder Verordnetes infrage gestellt wird. Die Wahrheit zu sprechen, wird dann nämlich Gegenwind erzeugen und das gilt es auszuhalten.

Für Foucault ist Wahrheit unverschleiert, der bunten Gewänder entledigt. Es kann ungemütlich sein. Ein Führungsteam beispielsweise, dass nur aus Frauen besteht, hat im Diskurs erkannt, dass es eine diskriminierende Sprache gegenüber Frauen verwendet. Beschönigungen wie «das meinen wir doch nicht so» sind obsolet. Die Wahrheit ist eben nicht bunt und hübsch. Wenn wir wahr sprechen, dann ohne Nebenabsichten oder Umwege. Das, was wir sagen, gehört zu dem, was wir tun.

Es sind direkte Worte, kurz und auf den Punkt gebracht, wenn wir freimütig und wahr sprechen. Der Sprechende ist dabei gleichzeitig auch Gegenstand des Gesagten. *Ich bin der, der dieses und jenes denkt*, so hat Foucault es formuliert. Auf diese Art und Weise die Wahrheit zu benennen und um eine gemeinsame zu ringen, muss Spannungen erzeugen. Es ist eine kleine Kunst, diese im Eifer des Gefechtes auszuhalten und viele Gruppen erleben und verbessern das erst beim Praktizieren des Diskurses. Wir sollten uns auch davor hüten, Spannungen aus einem Bedürfnis nach Harmonie heraus auszuweichen. **Spannung entsteht da, wo es um Relevantes geht, es etwas zu klären gibt. Statt des Mäntelchens der Konfliktvermeidung hilft eine Besinnung auf das gemeinsame Erforschen.**

Gerade zu dem Aspekt des Wahr-sprechens begegnen mir immer wieder Einwände. Es sind doch nicht alle Teilnehmenden gleich in einem praktischen Diskurs. Wie kann jemand frei sprechen, wenn eine Führungskraft dabei ist? Wie sollen sich Menschen im Diskurs von den Zielen des Unternehmens oder ihrem Karrierestreben freimachen? Auf diese Fragen habe ich keine befriedigende Antwort außer der: *Laden Sie die Menschen ernsthaft zu einem Diskurs ein.* Der organisationale Diskurs ist ein Ideal. Er wird vermutlich nie genau so umgesetzt werden können, wie ich ihn beschreibe. Es sollte aber immer unser Anspruch bleiben.

Übernehmen Sie die Verantwortung für Ihre *Wahrheit* und sorgen Sie so dafür, dass sich Ihr Gegenüber nicht in die Defensive gedrängt oder bedrängt fühlt. Achten Sie in Ihren Gesprächen beispielsweise auf die folgenden Formulierungen:

Wie häufig hören Sie sich sagen:

Es ist doch so ,... Fakt ist doch, dass..., ... das ist zu 100% klar, Ja, aber..., Um bei der Wahrheit zu bleiben ....

Probieren Sie stattdessen bei «unbequemen» Sichtweisen den Fokus auf Ihre Perspektive zu setzen:

Meine Interpretation ist folgende ..., Ich denke, ... Aus meiner Beobachtung ergibt sich für mich folgendes Bild .... Halten Sie sich kurz, bringen Ihre Aspekte auf den Punkt, klar und direkt.

Mit dem Mut zur Wahrheit zu sprechen und gleichzeitig offen zu sein für die Wahrheit der anderen oder auch das Aufgeben der eigenen Wahrheit ist keine leichte Aufgabe. Geübt sind wir eher darin, einen festen Standpunkt zu beziehen und dafür zu plädieren. Plädieren ohne Offenheit und ohne Lust am Erkunden anderer Sichtweisen und Überzeugungen, führt jedoch nirgendwo hin. Ein Erkunden ohne klare Standpunkte ist einem Diskurs aber auch nicht dienlich. Eine Balance aus Plädieren und Erkunden ist notwendig. Ein Instrument, dass Ihnen dabei hilft, haben Sie im Kapitel ⇒ 1. **Reflect** kennengelernt: das Suspendieren. Nun biete ich Ihnen ein weiteres an, den Respekt.

Respektieren

In den meisten Leitlinien und Visionen von Organisationen, ist Respekt vertreten. Da ist von Respekt gegenüber Mitmenschen die Rede oder dass er Basis allen Denkens und Handelns sei. Respekt prägt angeblich die eine oder andere Firmenkultur. Klingt gut, aber halten diese Versprechen dem Alltag stand? Wir alle sind immer mal wieder respektlos. Wenn es darum geht, ein Ziel zu erreichen, komme was wolle, verlieren wir mitunter aus dem Blick, dass uns ein Mensch gegenübersitzt. Wir sehen den Menschen nicht, wir sehen uns selbst, unser Ziel, unsere Meinung. Gleichzeitig möchten wir alle respektiert werden. Es geht uns um Achtung, Anerkennung, Gesehen werden. **Respekt ergibt sich aus Respekt**. Sind wir anderen Menschen gegenüber respektvoll, werden wir ebenso anerkannt. Es ist, wie so oft, eine Frage der Haltung. Und natürlich entsteht die Herausforderung erst, wenn wir mit unterschiedlichen Meinungen und Ansichten konfrontiert werden. Andere Menschen sagen und denken eventuell anders als wir. Das kann uns gefallen oder nicht, aber wir dürfen akzeptieren, dass sie ein gutes Recht auf ihre Meinung haben.

Wenn Sie das nächste Mal einem Gesprächspartner zuhören, der eine andere Sichtweise vertritt und Ihr innerer Dialog mit Bewertungen und Gegenargumenten loslegt, dann halten Sie kurz inne. Betrachten Sie Ihr Gegenüber als einen Lehrer. Was können Sie von ihr oder ihm lernen, dass Sie noch nicht wissen?

In Gruppen kann es nochmal kniffliger werden. Unterschiedlichkeiten und Differenzen werden mit Harmonie und Beschwichtigung überdeckt. Sie sollen möglichst schnell verschwinden. Das andere Extrem tritt in Form von Imponiergehabe auf, das versucht einen Standpunkt durchzusetzen. In beiden Fällen werden die Beteiligten nicht gesehen. Es geht aber auch anders.

Über einen längeren Zeitraum durfte ich das in jeder Hinsicht junge Managementteam eines Unternehmens begleiten. Eines Tages ließ ein Kollege gleich zu Beginn eines Workshops «eine Bombe platzen». Er hatte gekündigt und erzählte in der Runde davon sichtlich bewegt. Er wünschte, das Thema nicht zu vertiefen. So ging der Workshop seinen Gang, aber die Atmosphäre war anders als sonst. Der besagte Elefant stand mitten im Raum, und es dauerte eine Weile, bis er benannt wurde. Der Kollege gab als Grund für seine Kündigung einen langwährenden Konflikt mit einem «Neuankömmling» an. Für einen Moment war es totenstill. Ich bot den beiden Beteiligten an, in einen Dialog darüber zu gehen, wenn der Workshop für sie der passende Rahmen sei. Er war es, und so begannen die beiden sich mitzuteilen: Dem anderen zugewandt, über sich selbst sprechend und mit einer Klarheit und Deutlichkeit, die mich persönlich zutiefst beeindruckt hat. Nachdem sie sich intensiv «gesehen hatten», weinten beide und fragten sich, warum dieses Gespräch jetzt erst möglich war. Die anderen Teammitglieder hatten gebannt gelauscht und waren ebenso berührt wie ich. Alle brauchten erstmal eine Pause. Das, was hier zu beobachten war, ist eben keine Frage von rhetorischen Kunstflügen oder des Befolgens eines 5-Punkte-Plans, es war und ist eine Frage des Respekts.

Respektvoller Umgang miteinander ist für den praktischen Diskurs wesentlich. Dazu gehört, auftretende Spannungen auszuhalten. Sie nicht zu nivellieren ist die Kunst, denn auch der Mantel vermeintlicher Harmonie erstickt die Erkundung. Wir können und sollten üben, die Spannungen, die wir ja vor allem in uns selbst wahrnehmen, als Hinweis auf lehrreiche Unterschiedlichkeit zu nutzen und der Gruppe zur Verfügung zu stellen. Dazu gehört auch ein Spannungsfeld, das uns Organisationen immer präsentieren: Widersprüchlichkeit.

Paradoxien

Nicht nur Philosophen beschäftigen sich von je her mit Paradoxien, auch wir sind im Arbeitsalltag mit ihnen konfrontiert. Knapp formuliert, haben wir es mit sich ausschließenden Aussagen zu tun, die jeweils wahr zu sein scheinen. Eine der bekannten «Unlogiken» ist das von Bertrand Russell formulierte Barbier Paradoxon. Ein Barbier kann demnach als jemand definiert werden, der all jene, und zwar nur jene, rasiert, die sich nicht selbst rasieren. Die Frage lautet nun: Rasiert sich der Barbier selbst? Der Versuch einer Antwort, macht den Widerspruch deutlich. Rasiert sich der Barbier, gehört er zu der Menge, die er gemäß seiner Definition, nicht rasiert. Rasiert er sich nicht selbst, dann erfüllt er die Eigenschaft der Menschen, die er rasiert und das widerspricht der Annahme. Diese Paradoxie ist ein mathematisches Problem und von Russell selbst bereits 1903 gelöst. Umgangssprachlich zusammengefasst liegt es an der Definition Barbier. Der wichtige Hinweis, der hier schon mitgeliefert wird, ist die Art und Weise, wie wir über etwas nachdenken. Eventuell sind die üblichen Kategorien von wahr und falsch wenig hilfreich, ebenso wie der lockere logische Umgang mit selbstreferenziellen Sätzen.

Angelehnt an «Das Leben des Brian»

Grundsätzlich denken wir meistens in zweiwertiger Logik. Das geht schnell, alles scheint eindeutig. Die Dinge sind richtig oder falsch, gut oder böse, wahr oder unwahr. Und wenn etwas wahr ist, kann es eben nicht gleichzeitig unwahr sein. Paradoxien belustigen uns, fordern uns heraus und scheinen uns meist als unlösbare Aufgabe und unvereinbare Widersprüche. Auf der persönlichen Ebene kann es uns zusetzen, wenn wir einerseits empathisch sein sollen und andererseits durchsetzungsstark. Widersprüchliche Erwartungen wie effizientes Arbeiten im Heute und gleichzeitig innovativ und frei für das Morgen lernen, können ein Dilemma auslösen. Jeder, der in einer Organisation agiert, kennt diese Dilemmata.

Organisationen produzieren Paradoxien, das ist ihr Normalzustand. Es ist keine Abweichung oder Störung, wenn zwei sich ausschließende Erwartungen gleichzeitig auftreten. Das Erfolgs-Paradox beispielsweise beschrieb Danny Miller in den 1990er-Jahren und verglich dabei Unternehmen, die in ihren Erfolg verliebt sind, mit Ikarus: So wie Ikarus vor lauter Übermut der Sonne zu nah kam, steigt bei erfolgreichen Unternehmen das Risiko des Scheiterns, wenn sie sich zu sehr auf ihren Erfolg verlassen. Erfolg ist Ergebnis, nicht Ursache. Aber auch da, wo autonome Teams am Markt agieren und gleichzeitig ein starkes Wir-Gefühl für das Unternehmen entwickeln sollen, wirkt der Widerspruch. Wenn der Vertrieb die Kundenwünsche bestmöglich bedienen will, die Produktion aber schlank und effizient produzieren soll, entsteht ein Paradox. Zielvereinbarungen können der Wertschöpfung gegenüberstehen, Stabilität versus Wandel, Zukunft versus Hier und Jetzt, Regeln einhalten versus Lösungen schaffen, Zentralisierung versus Dezentralisierung, Konkurrenz versus Kooperation.

Damit all diese Widersprüchlichkeiten nicht unbemerkt ihre Dynamiken entfalten und uns verwundert zurücklassen, nutzen wir den praktischen Diskurs, um sie bewusst zu machen. Sie werden sich zeigen, die Frage ist, ob wir sie erkennen und wie wir reagieren. Gerade auch weil den wesentlichen Veränderungen immer Entscheidungen vorausgegangen sind, die ebenfalls Paradoxien bereithalten. Jede Entscheidung für etwas ist immer auch Entscheidung gegen eine Alternative. Ohne echte Alternative, ist es keine Entscheidung. Somit ist Kritik an der Entscheidung in ihrem «Lieferumfang» enthalten.

Aufmerksamkeit für das eigene Empfinden und Denken ist und bleibt der Schlüssel beim Umgang mit sowie der Akzeptanz von Paradoxien.

Suchen Sie in Ihrer Organisation aktiv nach Widersprüchlichkeiten und benennen Sie diese. Welche Strategien, Vorgehensweisen oder Modelle scheinen sich auszuschließen? Wo erleben Sie ein scheinbares «Hü und Hott» wie beispielsweise beim Wechsel zwischen Dezentralisierung und Zentralisierung? Beleuchten und diskutieren Sie das Paradox auf drei Ebenen.

- Sachlich: Was wird beibehalten, was wird verändert? Bei welchen Themen beispielsweise bemühen wir uns um Innovation, bei welchen Themen fokussieren wir «nur» das übliche Projektgeschäft?

- Sozial: Welche Bereiche übernehmen welche Aufgaben und Rollen? Kann es sinnvoll sein, einige Teams zu einem Innovations-Lab zu verschmelzen?
- Zeitlich: Was tun wir jetzt, was in Zukunft? Eventuell fokussieren jetzt alle auf das Projektgeschäft und im nächsten Quartal wird gemeinsam innovativ gearbeitet.

Die typischen Widersprüchlichkeiten in Organisationen lösen sich nämlich nicht einfach so wieder auf oder verschwinden, wenn man lange genug in Deckung geht. Wir müssen stattdessen mit ihnen umgehen. Die Paradoxie-Forschung bietet dafür diverse Strategien an, von denen ich die «Klassiker» an einem Beispiel grob skizziere:

Ein Automobilzulieferer soll für seine Kunden neue Ideen und Innovation «produzieren» und dabei gleichzeitig möglichst effizient und zuverlässig das tägliche Projektgeschäft stemmen. Die Führungskräfte kommen für einen Tag zusammen, um das Dilemma zu diskutieren.

- **Strategie 1: Entweder-oder**
  Die unterschiedlichen Pole werden als voneinander losgelöst betrachtet. Es geht nur das Eine oder das Andere. Die Führungsrunde steht also vor der Wahl, Innovation als alleiniges Geschäftsmodell zu wählen und das Projektgeschäft aufzugeben, oder umgekehrt. In beiden Fällen ist der Preis für die Wahl einer der beiden Alternativen hoch. Erfahrungsgemäß kommt die abgelehnte Variante regelmäßig als Idee oder Erwartung wieder.
- **Strategie 2: Sowohl-als-auch**
  Wir gründen einen Think Tank für die innovative Arbeit und machen gleichzeitig unser Tagesgeschäft weiter. Dieser Vorschlag fand adhoc die größte Zustimmung. *So etwas hatten wir schonmal. Dann sind wir mit unseren Experimenten und Prototypen die Geldverbrenner der Firma. Das gibt nur böses Blut.* Ein berechtigter Einwand, wenn die Organisation (und die darin agierenden Menschen) nicht lernen, dass dies ein Umgang mit Paradoxien und somit bewusst

entschieden ist. Sowohl-als-auch ist anspruchsvoll für alle Beteiligten und benötigt ein Höchstmaß an Transparenz.

- **Strategie 3: Mehr-als-das**
  Welche ganz neuen Zusammenhänge und Verbindungen können zwischen den Alternativen bestehen? Was, wenn wir versuchen, «von außen» auf die Situation zu schauen? Dieses Vorgehen benötigt viel Raum für eine intensive Auseinandersetzung.

Im konkreten Fallbeispiel ergab sich eine kurze Diskussion um prozessorientierte Arbeitsorganisation und einen regelmäßigen Wechsel zwischen Projektarbeit und Innovieren. An der Stelle wäre mehr Raum für einen Diskurs notwendig gewesen, um nach neuen, anderen Ansätzen zu forschen. Die Führungsrunde entschied sich beim bisherigen Sowohl-als-auch zu bleiben und für mehr Verständnis zu werben.

Der konstruktive Umgang mit Paradoxien ist aber auch nicht trivial – auf der individuellen und der organisationalen Ebene. Für eine intensive Auseinandersetzung mit ihnen ist der praktische Diskurs gerade deshalb der richtige Raum. Er lädt ein zum gemeinsamen Denken und Reflektieren. So werden Widersprüchlichkeiten sichtbar. Die aktive Auseinandersetzung mit ihnen hilft dabei, einen Ausgang aus der Fixierung auf die eine Wahrheit und aus der zweiwertigen Logik zu finden. Es trainiert zudem die Bereitschaft, auch zweitbeste Lösungen akzeptieren zu können. Es ist eine Frage des Kontextes, um die passende Strategie für die Bearbeitung einer Paradoxie zu finden. Sie muss konkret benannt sein, damit klar ist, worüber eigentlich gesprochen wird.

> Der praktische Diskurs ist weder Selbstzweck noch gemütliches Beisammensein oder Gruppentherapie. Es geht darum, dass Menschen über eine organisationale Fragestellung nachdenken und die Zukunft skizzieren. Zielgerichtet, konkret und für die Organisation. An dieser Stelle erinnere ich an die Fokussierung auf Wertschöpfung. Die in diesem Schritt gefundenen Ideen, Lösungen oder Strategien werden immer wieder auf ihren Wert für den Kunden reflektiert. Denn damit sinkt die Wahrscheinlichkeit, dass sich eine Organisation nur mit sich selbst beschäftigt und den externen Bezug verliert.

Gemeinsam komplex denken

Wollen wir die für einen Change wirksamen Maßnahmen und Ideen formulieren, dann ist ein wichtiger «Prüfpunkt» die jeweilige Wirkkraft. Haben wir sowohl ein Problem als auch seine mögliche Lösung intensiv genug betrachtet? Haben wir hinter die Symptome geschaut und uns klar gemacht, auf welcher Ebene unsere Maßnahme ansetzen muss? Diese Fragen halte ich im praktischen Diskurs für elementar. Die Ebenen des komplexen Denkens – **Ereignis, Muster, Struktur, mentale Modelle** – helfen uns dabei, in Zusammenhängen zu denken, Ursache- und Wirkungsrelationen besser zu begreifen und uns der Kraft von Strukturen bewusst zu bleiben. Zur Erinnerung, es kann keine grundlegenden Veränderungen geben, ohne dass sich Struktur ändert.

Ereignisse: Auf der Ebene nehmen wir die Welt typischerweise wahr. Ich komme ins Meeting uns sehe, dass zwei Kollegen fehlen. Ich lese das Konzeptpapier und stelle viele Fehler fest. Im Arbeitsalltag «funktionieren» wir ereignisgetrieben. Das ist gut und notwendig. Wollen wir aber Verständnis für Zusammenhänge herstellen, finden wir die nicht auf der Ebene der Ereignisse. Hier zeigen sich Symptome.

Muster: Ist das, worüber wir sprechen, ein Einzelereignis oder möglicherweise ein Muster? Wenn wir verstärkt auch «über die Zeit» beobachten und unseren Fokus nicht nur auf Einzelevents richten, erkennen wir Muster. Muster zu erkennen, ist ein wesentlicher Schritt in Richtung eines komplexen Denkens.

Struktur: Muster werden aus Strukturen erzeugt. Deshalb ist die nächste Frage stets: Welche Strukturen machen die beobachteten Muster möglich? Unter Struktur wird dabei jede Art der «Verabredung von Zusammenarbeit» verstanden. Das ist die informelle Struktur, die «Kultur», aber auch die formale Struktur, Regeln und Prinzipien.

Mentale Modelle: Die unterste Ebene enthält Überzeugungen, Werte, Glaubenssätze, Menschenbilder oder auch Erwartungen, die über die entsprechende Struktur bedient werden.

Um sich gemeinsam darüber klar zu werden, welche Hebelwirkung Maßnahmen auf den jeweiligen Ebenen haben, sind die wesentlichen Aspekte in der nachfolgenden Tabelle zusammengestellt:

	Aktion	**Zeitliche Orientierung**	**Wahrnehmung**
Ereignis	Reagieren	Hier und Jetzt	Beobachten
Muster	Anpassen	Zeitverlauf	Suche nach Trends
Strukturen	Veränderung	Zukünftig	Visualisierung über Wirkzusammenhänge
Mentale Modelle	Transformation	Hier und Jetzt	Reflexion

Die Ebenen des komplexen Denkens gehören zum Fundament des organisationalen Diskurses und dürfen sich auch explizit in der Auseinandersetzung der Gruppen wiederfinden.

- **Benennen Sie ein Problem (ein Ereignis**, das sich eventuell aus einer Idee ergeben kann). Das Ereignis sollte relevant sein und eben nicht «gut ertragbar». Beschreiben Sie es konkret und detailliert. *Der Kunde will zwar innovative Ideen und Lösungen von uns, ist aber nicht bereit, dafür zu zahlen. Wir haben ihm ein Angebot gemacht, dessen Inhalt er gern nimmt, aber ohne dafür zu zahlen.* Dies war ein Argument im obigen Beispiel des Automobil-Zulieferers gegen die Ausgründung eines Think Tanks. Damit war schnell klar, dass das Ereignis nicht singulär war.

- Erörtern Sie gemeinsam, welche **Muster** möglicherweise dafür sorgen können. Dazu braucht es immer den Blick über die Zeit. Trends erkennen wir nicht mit einmal hingucken auf ein einzelnes Ereignis. Was kehrt immer wieder? Was wird weniger? Was nimmt zu? *Das haben wir nicht zum ersten Mal erlebt. Wir liefern oft neue Lösungen und bekommen keinen Gegenwert. Das gilt bei unserem Hauptkunden übrigens auch für das Projektgeschäft. Die Anforderungen wachsen und wachsen, aber das Budget bleibt.* Muster können vielfältig sein. Die spannende Frage folgt auf dem Fuße: Was verursacht sie?

- Welche **Strukturen** (formal und informell) begünstigen die identifizierten Muster? Bei meinem Kunden stellte sich heraus, dass über die Jahre der Zusammenarbeit die eigenen Mitarbeitenden gern zusätzliche Anforderungen erfüllt oder auch «nebenbei» neue Lösungen erdacht haben. Das passierte immer auf der informellen Ebene. Es hat sich eine Art Gewohnheitsrecht etabliert, über das nie offiziell gesprochen wurde. Es ist nicht immer ein struktureller Aspekt allein. Sammeln Sie auch hierzu diverse Ansichten und Gedanken.

- Welchen Einfluss haben unsere **mentalen Modelle** auf diese Strukturen? Was denken wir, um im Beispiel zu bleiben, über uns und unseren Kunden? *Wir tun alles, um den Kunden zufrieden zu stellen. Wir gehen jede Extrameile* oder *Wir müssen alles tun, weil das unser größter Kunde ist,* sorgt auf Dauer für die entsprechenden Strukturen.

DIE ERKENNTNISSE IN KURZFORM

- Im organisationalen Diskurs suchen die Gruppen nach ihrer sozialen Wahrheit. Die ist noch nicht da, sondern wird erzeugt.

- Radikaler Respekt vor dem beziehungsweise den anderen Beteiligten bleibt eine wesentliche Zutat für das Gelingen des Diskurses.

- Organisationen erzeugen Paradoxien und können damit umgehen. Sie sichtbar und bearbeitbar zu machen, ist wichtig für grundlegende Veränderungsvorhaben.

- Das Ergebnis dieses Schrittes sind Ideen in Bezug zum Change in der Organisation.

4. Agree

Bis hierher hat die Gruppe im praktischen Diskurs ihre kollektiven Bewertungsmuster und Routinen reflektiert, sich irritieren lassen und verschiedene Sichtweisen und Standpunkte aneinander gerieben. Nun werden die Meinungen und Standpunkte zu einer oder mehreren Ideen verdichtet. Die Erkundung geht über in die konkrete Formulierung durchdachter Vorschläge, was in der Organisation getan werden sollte. Es ist also an der Zeit, sich zu verabreden.

Alle Beteiligten dürfen weiterhin dem Impuls widerstehen, To-dos aufzuschreiben und zu hoffen, dass die dann für die gesamte Organisation Geltungsanspruch besitzen. **Es geht darum, konkrete Ideen zu beschreiben, die in der Gruppe für wirksam gehalten werden.** Klingt trivial? Ist es aber nicht. Auch wenn eigentlich nur die Meinungen aus dem Schritt «Declare» in eine gemeinsame Idee gefasst werden müssen, lauern auch hier einige Fallen, in die wir tappen können. Um vorschnellen Konsens, lokale Optima oder auch Gruppendenken zu vermeiden, stelle ich dazu einige Haltegriffe zur Verfügung.

Wirkung erzeugen

Nehmen wir an, die Gruppe hat sich intensiv ausgetauscht und nun Ideen, wie die anstehende Veränderung in der Organisation wirksam umgesetzt werden kann. Sie fragen sich also, wie sie die Systemstrukturen so beeinflussen können, dass intendiertes Verhalten wahrscheinlich wird. Bei dieser Frage gelangen wir an den Punkt, an dem ein Kollektiv nicht notwendigerweise schlauer agiert als ein Einzelner. Komplexe Systeme sind kontraintuitiv, und auch wenn wir gut analysiert haben, wo ein Problem ursächlich liegt, passiert es leicht, dass wir die verkehrten Maßnahmen zu dessen Lösung wählen. In Anlehnung an die von Donella Meadows (Meadows, 2010) erstellte Liste der Hebelpunkte für wirksames Intervenieren, sind die folgenden Aspekte als Denkstützen gedacht. Für jede Idee, die eine Gruppe für wirksam hält, sollte die Wirkkraft für die Organisation betrachtet werden. Die Hebelpunkte sind von niedriger Wirkkraft aufsteigend sortiert.

- **Parameter**
  Wir brauchen mehr Umsatz, Mitarbeitende, Kunden, weniger Fehlzeiten, Produktionsfehler, ... Es klingt nach der schnellen Lösung, ist dabei aber von geringer Wirkung. Ein Mehr oder Weniger von etwas kann zwar kurzfristig für Beruhigung sorgen,

ist aber nur ein «Mehr vom Gleichen» und verändert am System selbst nichts.

Auch die Führungsrunde des Automobilzulieferers aus dem vorangegangenen Abschnitt diskutierte intensiv, dass mehr Mitarbeitende nötig seien und ein größeres Budget den Think Tank überhaupt erst möglich machen könne. Zahlen lösen kein strukturelles Problem auf. Die Energie auf die Diskussion über die Zahl der Mitarbeitenden oder die Höhe des Budgets zu verwenden, ist in den häufigsten Fällen Verschwendung.

Parameter sind in Krisensituationen eines Unternehmens durchaus wichtig, um kurzfristig für Stabilität zu sorgen. Es existieren aber gleichzeitig nur wenig kritische Zahlen, die von großer Wirkung sind. Das sind sie nämlich nur, wenn sie verstärkend auf positive Feedbackschleifen wirken. Das ist eine grundsätzliche und wertvolle Denkaufgabe: **Welche Parameter in unserer Organisation sind tatsächlich kritisch?**

Negative Feedbackschleifen
Dieser Hebel wird viel zu wenig berücksichtigt. Dabei hat er ordentlich Potenzial. In der Natur gibt es negative Feedbackschleifen (⇒ **#2 Organisation als komplexes System**) und wir Menschen etablieren sie, damit Systeme in bestimmten Grenzen bleiben. Unser Körper zittert oder schwitzt, um die Körpertemperatur um die 37 Grad zu halten. Zur Erinnerung: da wo etablierte Muster und Routinen positiv verstärkend wirken, braucht es eine gegengerichtete Dynamik, um die Routine zu beenden oder zu korrigieren.

Mit dem Kunden, der innovative Ideen gern ohne Verrechnung annimmt, hat sich dazu längst eine Routine etabliert. Solange nichts diese Routine unterbricht, wirkt sie wie positives Feedback und verstärkt sich. «Es ist scheinbar okay, so zu verfahren». Hier ist eine negative Rückkopplung angeraten: Die Zielmarke ergab sich in der Diskussion als eine Anzahl von 10 Stunden pro Monat, die man gern in das Vordenken für den Kunden investiert. Diese Stunden werden von allen transparent in einem Dashboard erfasst, und Mehraufwände in Rechnung gestellt. Es versteht sich, dass das mit dem Kunden zu verabreden ist. Der Punkt hier ist das Etablieren einer negativen Feedbackschleife, um aufwandstechnisch nicht aus dem Ruder zu laufen.

Positive Feedbackschleifen
Ameisen bei der Futtersuche veranschaulichen diese Rückkopplungen bestens. Die Duftspuren führen die anderen Ameisen zum naheliegenden Futterplatz. Je mehr Duftspuren, desto mehr Ameisen. Positive Feedbackschleifen wirken eskalierend. Ohne eine negative Rückkopplung gäbe es irgendwann eine «Ameisenexplosion» am Futterplatz. Deshalb existieren in natürlichen Systemen immer auch negative Rückkopplungsschleifen. Wir Menschen schaffen es in unseren Organisationen immer wieder, die balancierende Funktion negativer Rückkopplung zu verbiegen oder sogar auszuschalten. So pervertieren Systeme und werden ungerecht und nichtnachhaltig.

Das Führungsteam kam in der Diskussion über ihren Kunden darauf, dass sie mit «Innovation gegen Rechnung» durchaus eine positive Feedbackschleife etablieren könne. Je mehr bezahlte Innovationsarbeit, desto mehr Geld für Forschungen im ThinkTank, desto mehr Innovationen, desto mehr Rechnungen und so weiter. Dieser Hebel ist wirkungsvoller als «nur» ein etabliertes Muster zu unterbrechen.

Ob positiv oder negativ, es geht darum in Wechselwirkungen über die Idee nachzudenken. Wenn X auf Y wirkt, wie wirkt Y auf X?

Information
Was muss wer, wann und wozu wissen? Wie viel wissen alle Beteiligten Ihrer Organisation über die Geschäftszahlen, Probleme, die in der Geschäftsleitung diskutiert werden, das tatsächliche Motiv für den aktuellen Change Prozess? Meist herrscht mehr Intransparenz als Durchblick. Dabei gilt für uns als Mitarbeitende dasselbe wie als Verbraucher; nur mit schnellen, klaren Informationsflüssen können wir gute, fundierte Entscheidungen treffen.

Die Führungskräfte in ihrer Strategierunde stellen fest, dass auch sie nicht über den Stand aller Dinge Kenntnis haben. In einem nächsten Treffen wollen sie erarbeiten, welche Informationen sie benötigen und welche kritischen Kennzahlen sie öffentlich zugänglich machen.

Regeln und Prinzipien

Die Kernarbeitszeit ist von 9 bis 15 Uhr. Das Gehalt pro Monat beträgt 3.000 Euro brutto. Auf den Parkplätzen, die mit dem Schild «Für Gäste» gekennzeichnet sind, ist das Parken für Mitarbeitende verboten. Für die Übernachtung in einem Hotel liegt der Höchstbetrag bei 240 Euro. Sie können diese Liste an Regeln, die in Organisationen gelten, sicher verlängern. Regeln setzen den Rahmen für Freiraum und dessen Grenzen. Sie beschreiben, welches konkrete Handeln gewünscht ist. Wenn-dann-Verhalten wird entsprechend befolgt, oder eben auch nicht. Es ist auf jeden Fall klar, was richtig und was falsch ist.

Regeln nehmen den handelnden Personen im Grundsatz die Entscheidung ab, was zu tun ist. Die Verantwortung liegt beim Regelgeber. Regeln sind gut und sinnvoll überall dort, wo wir es mit Kompliziertem zu tun haben. In der Produktion beispielsweise ist es passend das Tragen von Schutzbrillen vorzugeben.

Bei vielen Regeln können und sollten wir sogar hinterfragen, ob wir die Verantwortung nicht an die handelnden Personen geben wollen. In Komplexität braucht es Prinzipien. Sie geben einen Handlungsrahmen vor, der Interpretationsraum für die handelnden Personen und ihnen die Entscheidung für ihr konkretes Handeln lässt. Sie geben Orientierung aber keine Anweisung. Bei Google galt bis 2018 das Unternehmensprinzip «Don't do evil». Es wurde vielzitiert und genauso stark intern diskutiert. Als Alphabet der Dachkonzern wurde, änderte Google das Prinzip in «Do the right thing». Über Prinzipien wird stärker diskutiert und das ist intendiert. Es ist nicht trivial, die Zusammenarbeit in einer Organisation mit Prinzipien auszurichten.

Für den praktischen Diskurs ist in diesem Schritt wichtig zu betrachten, wo genau es Regeln braucht und an welche Stellen Prinzipien die Eigenverantwortung aller passend abfragt.

Ziele
Sie wirken, und zwar egal, ob sie explizit verabredet (Umsatzziel von x Euro) oder implizit (unsere Harmonie darf nicht gestört werden) entstanden sind. In jeder Organisation existieren beliebig viele Abteilung- Projekt-, Bereichs- oder Individualziele nebeneinander und sorgen so für Konflikte. Die Frage lautet dann aber nicht, ob das individuelle Umsatzziel von x Euro auf y Euro verändert werden sollte. Die Parameter in den Zielvorgaben zu ändern, ist ein kleiner Hebel. Es gilt vielmehr das Ziel an sich mit seinen Wirkungen zu betrachten. Denn das übergeordnete Systemziel besitzt die Kraft, alle anderen Hebel auszubremsen beziehungsweise so umzubiegen, dass sie «passen». Gleichzeitig ist das übergeordnete Ziel oder auch der Zweck nicht immer offensichtlich. Bei Unternehmen könnte man auf die Frage nach dem Ziel fast immer mit «Gewinn erzielen» antworten, aber das springt zu kurz. Beobachtet man nämlich, worauf manche Unternehmen hinauswollen, dann ist Profit nur Mittel zum Zweck. Es geht vielmehr um Kontrolle, Beherrschung, Marktposition oder Einmaligkeit. Es ist deshalb gut zu durchdenken, wie die neue Idee in diese Gemengelage passt und welche Wirkung die damit verbundenen Ziele erzeugen können.

Die Runde unseres Automobilzulieferers kam ebenfalls an den Punkt, Ziele zu diskutieren. Das schaffte noch einmal Klarheit, weil alle Führungskräfte individuelle Zielvorgaben für das Projektgeschäft haben. Der Gedanke, dass auch im Think Tank ein ähnliches Anreizsystem für die Zielerreichung sorgen und gleichzeitig Freiraum für Experimente und Prototypen gegeben sein soll, führte schnell ins Dilemma. Welche Ziele sind denn die höheren? Welche binden uns mehr? Wo entstehen Konflikte aufgrund der diversen Ziele? Teamziele zu definieren statt individueller, war ein offensichtlicher Gedanke, der noch intensiv in Bezug auf das Unternehmensziel betrachtet werden muss.

- **Überzeugungen**
  Die kollektiven, unausgesprochenen Annahmen über die eigene Organisation, die Mitarbeitenden, die Welt, Arbeit, Kooperation und alles andere, sind am schwierigsten zu verändern. Gleichzeitig haben diese Annahmen die größte Kraft, denn aus den Überzeugungen, Vorurteilen und Stereotypen ergeben sich die Strukturen, Ziele, Regeln und Parameter. Als Individuum verändern wir unsere Überzeugungen gegebenenfalls in Sekundenbruchteilen. Eine Erkenntnis, eine Idee, ein Schups können ausreichen. Als Kollektiv ist das eher eine Frage der Aufmerksamkeit und der Konstanz. Im praktischen Diskurs ist hier zunächst relevant, ob und wie die formulierte Idee zu den üblichen Vorstellungen passt oder ob eventuell «Überzeugungsarbeit» stattfinden muss.

> **«Kreativität findet nicht im eigenen Kopf statt, sondern durch den Austausch unserer Gedanken mit anderen, weil erst die Gemeinschaft eine Idee als wirklich wertvoll anerkennt.»**
> **(Mihály Csikszentmihályi)**

Gerade weil die teilnehmenden Menschen in der Organisation eine oder mehrere Rollen innehaben, die mit Erwartungen aufgeladen sind, gilt es, bewusst nicht auf taktische Verabredungen zu zielen. Die Kunst ist und bleibt, im kollektiven Sinne zu denken und nicht nach lokalen Optima zu suchen, die die eigenen Zielvorgaben und Erwartungen bestmöglich erfüllen.

Verabreden

Die gemeinsam zu verabredende Idee sollte noch aus einer anderen Perspektive als nur aus ihrer Wirksamkeit betrachtet werden. Dazu laden wir den Philosophen Jürgen Habermas noch einmal ein. Seine Diskursethik folgt dem Gedanken, dass sich vernünftige Argumente durchsetzen, wenn gemeinsam um moralische Prinzipien gerungen wird. Am Ende steht dann, quasi ganz natürlich, der Konsens. Habermas formulierte vier Geltungsansprüche an die Verständigung, damit eine vernünftige Kommunikation überhaupt zustande kommen kann. Diese Geltungsansprüche können uns im praktischen Diskurs als Prüfsteine für die entstehende Idee dienen:

- **Verständlichkeit**
  Die Idee enthält in ihrer Beschreibung möglichst wenig Abstraktionen, die andere eventuell nicht nachvollziehen können. Es sollte, um im Beispiel zu bleiben, auch niemand fragen müssen, was denn bitte schön ein Think Tank sein soll.

- **Wahrheit**
  Ist die Idee sachlich passend? Zahlt sie auf die organisationale Veränderung oder das Problem tatsächlich ein? Sollte beispielsweise in der Organisation des Automobilzulieferers die Meinung vorherrschen, dass es keinerlei Nachfrage nach Innovation gibt, kann der Wahrheitsgehalt der Idee angezweifelt werden. Dass die Idee in der Organisation Gefallen findet, wird dann unwahrscheinlich.

- **Wahrhaftigkeit**
  Kann es Bereiche, Projekte oder Gruppen geben, die an der Wahrhaftigkeit zweifeln? Das wäre der Fall, wenn der Gruppe unterstellt würde, doch genau zu wissen, dass ein Think Tank das Innovieren gar nicht ermöglicht. Unterstellt wird dann eher, dass die Idee rein taktisch sei.

- **Richtigkeit**
  Innovationen lassen sich auch ohne Weiteres im Tagesgeschäft erarbeiten. Bezieht sich die Idee auf etablierte Normen oder kann sie an bestehende kollektive Überzeugungen stoßen?

Nach Habermas ist das Ziel der Verständigung Konsens. Es ist jedoch realistisch, dass der nicht erreicht wird. Das macht nichts, er sollte jedoch immer angestrebt werden. **Konsens ist die Absicht, mit der die Gruppe in den Diskurs geht. Er muss nicht unbedingt das Ergebnis sein.**

Denn wäre Konsens die Bedingung, dann treffen viele Gruppen erfahrungsgemäß eher oberflächliche Verabredungen, damit schnell Einigung entsteht. Das ist der Qualität ihrer Ergebnisse nicht zuträglich. Oder sie bleibt in einer andauernden Einigkeits-Schleife hängen, weil eben nicht über jedes Detail Konsens erzielt wird. Deshalb empfehle ich für diesen Schritt den «Konsent» als Entscheidungsinstrument. Die diversen Meinungen sind im Diskursverlauf bereits entdeckt und ausgehandelt worden. Es geht nun darum, gravierende Einwände zu berücksichtigen und in die

Idee einzuarbeiten. Bedenken und Befindlichkeiten, also nicht begründete Anmerkungen, behindern die Verabredung auf eine gemeinsame Idee nicht.

Der Konsent-Entscheid lenkt die Aufmerksamkeit weg von der Zustimmung für jedes Detail hin zu schwerwiegenden Einwänden.

- Die Idee wird (am besten von einer Person) noch einmal umfänglich zusammengefasst.
- Jeder Teilnehmende beantwortet die Frage, ob die Idee gut genug ist, um sie in die Organisation zu tragen.
- Wird ein gravierende Einwand vorgebracht, dann muss er begründet werden. Ein solcher Einwand ist jedoch kein Veto. Er dient dazu, die Idee zu verbessern, nicht den Verabredungsprozess zu stoppen. *Ich trage die Idee nicht mit, weil* ... oder *Sie schadet unserer Organisation, weil* ... sind mögliche Einwände, die dann konkret begründet werden.
- Der Einwand wird entsprechend berücksichtigt und die Idee gegebenenfalls angepasst.

An dieser Stelle kann es passieren, dass die Gruppe sich einer gemeinsamen Identität nähert. Lagen bisher die in der Gruppe existierenden Diversitäten im Fokus, geht es jetzt darum Ideen geschlossen nach außen zu formulieren. *Wir erdenken jetzt, was für alle gut und passend ist* sorgt leicht für Abgrenzung. Abgrenzung gegenüber anderen Diskursgruppen, Abteilungen oder Projekten. Das so entstehende Wir-Gefühl macht den Abschiedsschmerz bei Auflösung der Gruppe größer und sorgt eventuell für geringere Offenheit gegenüber den Ideen und Szenarien anderer Gruppen. Das ist nicht vollständig vermeidbar und auch nicht tragisch. Es ist aber im Auge zu behalten für alle nachgelagerten Aktivitäten wie Großgruppenevents oder auch das Starten eines weiteren Diskurs-Zyklus.

Ergebnisse des Schrittes «Agree» sind also Ideen und Möglichkeitsräume. Die Gruppe oder Gruppen im praktischen Diskurs entscheiden nicht für die Organisation, sie erarbeiten entscheidungsreife Ideen und Konzepte, die den Veränderungsprozess betreffen. Welche Rollen existieren, wann und wo Entscheidungen getroffen werden und wie die Ideen der verschiedenen Gruppen verarbeitet werden, ist vom Design der Veränderung abhängig. Einige Möglichkeiten und Varianten werden im nächsten Kapitel ⇒ **Das Setting** skizziert.

DIE ERKENNTNISSE IN KURZFORM

- Ideen und Maßnahmen, die im praktischen Diskurs erarbeitet wurden, dienen dem Change.
- Die Hebelwirkung ist dabei wichtig, damit Veränderung wirksam wird.
- Konsens ist die Absicht aller Beteiligten beim Verabreden, er muss nicht erlangt werden.
- Nach dem «RIDA-loop» ist vor der Entscheidung. Im praktischen Diskurs werden organisationale Entscheidungen nicht von den jeweiligen Gruppen getroffen.

DAS SETTING

Es wird noch einmal konkreter. Auf der philosophischen und konzeptionellen Ebene habe ich beschrieben, worum es beim organisationalen Diskurs geht. Die Fragen nach Ablauf, in welcher Form, wo und wer mit wem, sind noch offen.

Das Setting ist entscheidend für das Gelingen des Diskurses

Das passende Design ist weiterhin eine Frage des jeweiligen Kontextes, gleichzeitig aber existieren ein paar Zutaten, die den Erfolg wahrscheinlicher machen. Sollten Sie einen organisationalen Diskurs initiieren oder begleiten wollen, dann werden Sie jetzt eventuell noch einmal herausgefordert. Denn wir schauen auf handfeste Aspekte wie Gruppengröße, Moderation oder auch Entscheidungsmacht.

Voraussetzungen für gelingenden organisationalen Diskurs

Es ist gar nicht mal viel, was er als Fundament braucht. Die wenigen Voraussetzungen sind allerdings obligatorisch:

- Die Organisation steht in oder vor einer grundlegenden Veränderung.
- Partizipation im Prozess der Veränderung ist ernst gemeint.
- Die Menschen in der Organisation werden als erwachsen betrachtet.
- Das Warum der Veränderung ist transparent für alle.
- Für den Gesamtprozess ist klar, wer welche Entscheidungen trifft.
- Der organisationale Diskurs ist ein Instrument zur Organisationsentwicklung. Es dient nicht der Persönlichkeitsentwicklung oder ist mit Schulungsmaßnahmen gleichzusetzen.
- Die Teilnahme ist einladungsbasiert. Mitarbeitende können und dürfen es ablehnen, aktiv am praktischen Diskurs und anderen Formaten teilzunehmen.
- Organisationaler Diskurs ist als fortlaufender Prozess verstanden.
- Der Gesamtprozess der Veränderung dauert in etwa sechs bis neun Monate.
- Die Gruppen bleiben für den Zeitraum des praktischen Diskurses von circa 10 bis 12 Wochen bestehen.

Verwenden Sie sie gern als Prüfstein. Fehlt die Ernsthaftigkeit für diesen Prozess, verkümmert der organisationale Diskurs mitunter zu einem Theaterspiel, das die Menschen mit einem *Ach, schon wieder so ein blutleerer Change* verlassen.

Rollen im organisationalen Diskurs

Sponsor

Der Sponsor ist eine Führungsperson mit der formalen Macht, um den organisationalen Diskurs aufzusetzen und notwendige Entscheidungen über mögliche Maßnahmen, die als Ideen aus den praktischen Diskursen entstehen, zu treffen. Sie ist üblicherweise auch für den Veränderungsprozess verantwortlich. In dieser Rolle hat sie allerdings keine Kontrolle über den praktischen Diskurs oder dessen Ergebnisse. Sie muss in der Lage sein, Ergebnisoffenheit, Instabilität und Spannungen auszuhalten.

Für die Konzeption und Ausarbeitung des Gesamtprozesses und des praktischen Diskurses etabliert der Sponsor ein Team aus Organisationsentwicklern, Führungskräften oder auch Mitarbeitenden. Das Team verfügt über ausreichend methodisch-didaktische Kenntnisse, viel Neugier und Spaß an gelebter Selbstorganisation.

Der Sponsor spricht die Einladungen und wählt auch die zuständigen Bereiche und Teilnehmenden für den anstehenden Prozess des organisationalen Diskurses aus. Dazu gehört abzuwägen, wie viele Gruppen parallel am Prozess mitwirken.

Der vielleicht wichtigste Aspekt des Sponsors ist jedoch, dass diese Person sich damit identifiziert, diese Rolle füllt und auch nicht delegiert. Leider habe ich schon häufig Geschäftsleitungen erlebt, die die Sponsor-Rolle mit einem Werbebotschafter verwechseln. Die Folgen sind fatal für den Veränderungsprozess.

Gruppen

Jeder Teilnehmende hat aufgrund der Einladung entschieden, am organisationalen Diskurs freiwillig teilzunehmen. Gleichzeitig bedeutet sie Verbindlichkeit, denn ein frühes Ausscheiden ist nicht vorgesehen.

Die Gruppe hat idealerweise eine Größe von vier bis sechs Personen im praktischen Diskurs. Für den Gesamtprozess ist die Anzahl der Gruppen beliebig.

Ich empfehle, eine Gruppe team- und bereichsübergreifend, am einfachsten nach dem Zufallsprinzip, zusammenzustellen. Nehmen bestehende Teams oder Teilteams am praktischen Diskurs teil, bringen sie ihre etablierten «sozialen Spiele» mit. Dann ist es für eine solche Gruppe leichter, den praktischen Diskurs ihren Routinen anzupassen, als sich auf eine tiefe Auseinandersetzung einzulassen. Die Gruppe organisiert sich in Bezug auf den praktischen Diskurs selbst. Ein Starttermin wird vom Sponsor oder seinem koordinierenden Team mit der Gruppe verabredet. Der praktische Diskurs läuft danach selbstverwaltet.

Der Gruppe ist klar, dass sie im Auftrag und im Sinn der Organisation reflektieren, Erfahrungen tauschen und Ideen kreieren. Allen Beteiligten ist das Warum transparent, wer Entscheidungen trifft und wie Ideen und Ergebnisse zusammengeführt werden. Der praktische Diskurs hat eine hohe Relevanz für den Arbeitsalltag der Teilnehmenden.

Im Laufe des praktischen Diskurses wird die Gruppe verschiedene «Zustände» erleben: Unwissenheit, Unsicherheit, Spannungen und auch Anstrengung sind im ersten Moment eventuell unangenehm, lassen sich aber nicht vermeiden. Diese Zustände sind sozusagen der Preis für eine tiefe Auseinandersetzung. Ich erlebe immer wieder, dass in der Mitte des Prozesses die Gruppen durchaus über die Anstrengung klagen. Das ist ungefähr so, als wenn wir etwas Neues lernen, sei es im Sport oder im Handwerklichen. Da kommen immer wieder Momente der Anstrengung. Durchhalten ist mein Vorschlag. Es lohnt sich.

Gesamtprozess organisationaler Diskurs

Der Sponsor trägt die Verantwortung für den Gesamtprozess und ist in jeder Phase aktiver Gestalter, Bewerter und Entscheider.

Beginn

- Das zu lösende organisationale Problem wird beschrieben und der Veränderungsprozess beschlossen.
- Der Gesamtprozess «Organisationaler Diskurs» wird konzipiert.
- Der praktische Diskurs wird designed und ausgearbeitet. Arbeitsmaterialien, Agenda für die Diskurse oder auch virtuelle Plattformen werden vorbereitet.
- Die Teilnehmenden werden eingeladen.
- Die Gruppen für den praktischen Diskurs werden gebildet.

Während des praktischen Diskurses

- Die Gruppen durchlaufen den praktischen Diskurs selbstorganisiert.

- Die Gruppen werden in dieser Phase in Ruhe gelassen.

- Wenn mehrere Gruppen parallel in den praktischen Diskurs gehen, entstehen Unruhe und Instabilität in der Organisation. Diese Phase gilt es auszuhalten und seitens der formalen Führung nicht «zur Hilfe» zu eilen.

- Je nach Design kann der Sponsor über die Rückmeldungen aus den Gruppen eine Diskursanalyse erstellen. Über was wird tatsächlich und in welcher Form gesprochen?

- Ideen zu konkreten Maßnahmen, um die Veränderung wirksam werden zu lassen, sind Ergebnis dieser Phase.

Abschluss

- Die Ergebnisse aus den Gruppen werden verdichtet. Das kann wieder in Gruppen, in einem Großgruppenevent oder in einem vorher benannten Change Team stattfinden.

- Der Sponsor trifft Entscheidungen über notwendige Prozesse, Routinen, formale Veränderungen und so weiter und macht sie öffentlich.

- So etabliert er einen kulturellen Explorationsraum, in dem die neuen Routinen und Muster ausprobiert werden. Auch hier ist Verbindlichkeit entscheidend. Gibt es strukturell bedingte Anreize für die handelnden Menschen lieber beim Alten zu bleiben, wird die Veränderung nicht greifen.

- Das neue Handeln und Verhalten findet statt und wird beobachtet.

- Nach dem organisationalen Diskurs ist vor dem organisationalen Diskurs. Nicht alle Experimente werden die gewünschte Wirkung erzielen. Ein guter Zeitpunkt, um eine nächste Iteration zu starten.

Gestaltung der praktischen Diskurse

Welchen Rahmen braucht der praktische Diskurs? Welche Didaktik sollte zugrunde liegen? Was ist eher hinderlich für Menschen in einer Organisation, um ihre soziale Wahrheit zu erforschen? Diese Fragen treiben mich schon seit langer Zeit um. Aus den langjährigen Erfahrungen habe ich einige Grundsätze abgeleitet:

- Eine Diskursgruppe besteht idealerweise aus fünf Personen.
- Die Gruppe trifft sich zu einem Thema bis zu fünfmal zu jeweils 90-minütigen Sessions.
- Der praktische Diskurs ist geführt, jedoch ohne die Rolle Trainer, Coach oder Facilitator. Die Gruppe wird mit inhaltlichem Input, Reflexionsfragen und Anregungen zu einem intensiven Diskurs eingeladen.
- Jede Session folgt immer wieder den Schritten des «RIDA-loop».
- Der praktische Diskurs ist inhaltlich und zeitlich ausgestaltet. Die «Aufgaben» im praktischen Diskurs sind time-boxed.
- Ein minimaler Gruppenvertrag zu Beginn der ersten Session sorgt für das Selbstverständnis als «community of inquiry».

  «Wir wollen verstehen und erkennen.»
  «Wir hören jede Sichtweise.»
  «Wir arbeiten ohne Ergebnisdruck.»
  «Wir treffen keine Entscheidungen.»
- Die Gruppe hält wesentliche Erkenntnisse in jeder Session fest. Am Ende des Zyklus formuliert sie ihre Idee(n) für die konkreten Maßnahmen in der Organisation.
- Wir schaffen eine «unbelastete» Umgebung, die bei den Teilnehmenden nicht sofort die üblichen Trainings- und Seminarerfahrungen aktiviert.
- Die Sessions finden (bevorzugt) online statt.

Weil die Idee des organisationalen Diskurses neu ist, möchte ich noch kurz darstellen, was er nicht ist, beziehungsweise welche vermeintlich goldenen Regeln gebrochen werden.

- **Kein Trainer, Trainerin, Coach oder Facilitator**
  Können die das denn allein? Was ist denn, wenn die Gruppe mal nicht weiterweiß? Wer beantwortet denn deren Fragen? Das sind einige der Vorbehalte, die mir immer wieder begegnen. Wir sind sehr daran gewöhnt, dass ein Moderator oder Seminarleitender die Menschen begleitet. Die Idee ist passend, wann immer es um Wissensvermittlung geht. Einer oder eine weiß was und erzählt es den Teilnehmenden in der Hoffnung, dass die das hinterher auch wissen. Im organisationalen Diskurs geht es aber um Reflexion, Hinterfragen, Austausch und gemeinsames Denken. Einen Wissenden kann es also schonmal nicht geben.

  Was ich vermeiden möchte, ist das etablierte Spiel zwischen Facilitator und Teilnehmenden aufzurufen. Sobald nämlich eine Person mit einer dieser Rollen anwesend ist, geben die Teilnehmenden gern eine große Portion Verantwortung für das, was stattfindet, ab. Auch wenn der Facilitator oder Coach mit viel Bedacht und Aufmerksamkeit bei der Arbeit ist, dauert es eine ganze Weile, bis das Spiel der «Delegation an den Coach» beendet werden kann. Diese Zeit wollen wir für den praktischen Diskurs nutzen. Gleichzeitig bin ich zutiefst davon überzeugt, dass die Menschen sehr gut in der Lage sind, ohne Begleitperson in einen intensiven Austausch zu finden. Nicht alle Menschen sind gleich gut geübt in Reflexion oder eine geliebte Meinung auch wieder loszulassen. Das macht nichts. Zum einen ist das im Alltag auch so und wir gehen miteinander um, zum anderen üben sie genau das im praktischen Diskurs.

  Diese Einwände kommen häufig von Menschen, die in Organisationen die Rolle des Trainers oder Coaches einnehmen. Dahinter steht die Frage: Was mache ich denn dann? Den praktischen Diskurs kreieren ist, aus meiner Sicht eine reizvolle und probate Antwort. Denn nur wenn der praktische Diskurs passend gestaltet und gut strukturiert ist, kann die Gruppe ihren gesamten Fokus auf die gemeinsame Sinnsetzung richten.

Kein Schnick-Schnack

Erwartungsabfragen und Themenspeicher? Nein. Lustige Check-in-Runden? Nein. Gamifizierung für die spaßige Gestaltung? Nein. Hier wird bewusst und absichtsvoll mit üblichen Elementen aus Trainings und Seminaren gebrochen. Der praktische Diskurs hat eine klare Agenda, ein transparentes Ziel im Sinne der Organisation, alle Teilnehmenden wissen, worauf sie sich einlassen. Die Gruppe fokussiert sich von Beginn an für 90 Minuten auf den praktischen Diskurs. Das bedeutet selbstverständlich nicht, dass diese Zeit humorlos und trocken sein muss. Es wird jedoch auf alles verzichtet, was in diesem Setting keinen Mehrwert stiftet. Der Gruppe wird zugemutet, direkt ins Thema einzusteigen und den Fokus dort zu belassen. Das ist über 90 Minuten sehr gut machbar und gleichzeitig fordernd und durchaus anstrengend. Reflexion und Denken brauchen Energie.

Keine Diskurs-Didaktik

Dann braucht die Gruppe aber eine bestimmte Reife, um so einen Diskurs durchzuführen? Dahinter steht vielleicht der Gedanke, dass nicht alle Menschen in Reflexion geübt sind und damit die Qualität der Ergebnisse nicht sicherzustellen ist. Also müsse den Menschen doch zuerst all das beigebracht werden, was in den vier Schritten von «Reflect» bis «Agree» beschrieben wurde.

Sagt dieser Einwand nicht mehr über denjenigen aus, der ihn vorbringt, als über die Menschen in der Organisation? So oder so ist die Antwort «Nein». Der praktische Diskurs ist so ausgearbeitet, dass die Frage- und Aufgabenstellungen den Reflexionsraum öffnen. Die Teilnehmenden gehen direkt in den Austausch. Sie reflektieren an ihrer Arbeitsrealität, wertschöpfungsnah und konkret.

Um in einen fruchtbaren Austausch über kollektive Bewertungsmuster und deren Passfähigkeit zu kommen, ist ein vorheriges «Jetzt lernen wir erstmal Diskurs» nicht notwendig.

Der Raum

Ich halte es für essenziell, den organisationalen Diskurs in einem Raum durchzuführen, in dem die Erfahrungen der Vergangenheit nicht sofort aktiviert werden. Denn wir wollen eine andere Art des miteinander Redens als üblich, eine Atmosphäre des gemeinsamen Denkens, einen Raum für tiefes Verständnis und gemeinsame Sinnsetzung, der im besten Sinne herrschaftsfrei ist. All das bekommen Sie nicht, wenn Sie für den praktischen Diskurs in den üblichen Besprechungsraum oder das ewig gleiche Seminarhotel gehen.

Die praktischen Diskurse finden, wenn ich es vorschlage, virtuell statt, und kein Teilnehmender einer Gruppe weiß, was ihn oder sie erwartet. Es nicht klar, wie das «durch den Diskurs geführt werden» aussieht, welche Fragen auf sie zukommen, mit welchen Interaktionen die Auseinandersetzung angeregt wird. So wird für den Einstieg (und inhaltlich für den gesamten praktischen Diskurs) ein Raum geschaffen, der nicht schon alte Assoziationen aufruft. Der eine setzt sich immer neben den anderen, es ist diese eine Kollegin, die immer zuerst spricht und so weiter. Je etablierter der Raum, desto leichter werden die gewöhnlichen Routinen und Spiele aktiviert.

Aus diesem Grund braucht es eine Unterbrechung des Üblichen. Es braucht einen unbekannten Raum, in dem die Gruppe miteinander rausfindet, «wie das hier so geht». Natürlich tritt im Laufe der wiederholten Treffen eine Form von Gewöhnung ein. Aus meiner Erfahrung kann ich sagen, dass dabei eher um die Gewöhnung an tiefe, verlangsamte und intensive Gespräche geht. Damit das passieren kann, ist das Design des praktischen Diskurses so wichtig. Eine durchdachte Struktur, passende Fragestellungen, Einladung zur Reflexion und eben kein Agenda-freies Miteinander.

**«Nur in einem gut geplanten Raum
können sich Gedanken frei entfalten.»
(Judith Muster)**

In der Praxis erlebe ich immer wieder verschiedene Settings im organisationalen Diskurs. Weniger als fünf Sessions im praktischen Diskurs oder durchgeführt als Präsenz- statt virtuelles Treffen. Selbstverständlich gibt es unzählige Varianten und Möglichkeiten den organisationalen Diskurs zu gestalten. Wichtig bei allen Überlegungen ist lediglich die Frage nach den möglichen Wirkungen, die Sie sich einhandeln.

DIE ERKENNTNISSE IN KURZFORM

- Der organisationale Diskurs ist weder eine fluffige Workshop-Methode noch Selbstzweck oder ein Goodie für die Mitarbeitenden.
- Mit der Rolle des Sponsors steht und fällt die Ernsthaftigkeit des Prozesses.
- Im praktischen Diskurs werden die Gruppen nicht von einem Coach oder Facilitator begleitet.
- Durchdachte didaktische Konzepte für den Gesamtprozess und den praktischen Diskurs sind elementar.

WIRKUNGEN UND WIDERSACHER

Der organisationale Diskurs ist ein Instrument für beschleunigte Veränderung, vor allem aber eine Haltung. Hier möchte ich explizit auf die mit ihm entstehenden Wirkungen hinweisen und auch seine Widersacher benennen. Wie so oft in komplexen Zusammenhängen, gibt es kein Patentrezept für ein Gelingen des Diskurses. Garanten für sein Misslingen lassen sich aber sehr wohl formulieren.

Wirkungen

Die Vernetzungsdichte steigt

Der organisationale Diskurs setzt den steten Ruf nach Vernetzung innerhalb einer Organisation in die Tat um, und zwar ernsthaft. Wird ein Raum geschaffen, in dem sich die Mitarbeitenden eines Unternehmens zu wichtigen Fragestellungen einbringen und gemeinsame Sichtweisen erforschen können, werden sie das tun. Sinnhaft etwas beizutragen ist ein wichtiges menschliches Bedürfnis. Sorgen Sie für mehr Vernetzung, dann hat das Konsequenzen in einem System.

Steigt die Vernetzungsdichte, erhöht sie automatisch Komplexität, Musterbildung und Geschwindigkeit. In den Gruppen wird funktionsübergreifend gearbeitet, also wird die klare Arbeitsteiligkeit aufgehoben, zumindest für den praktischen Diskurs. Ganz neue Ideen, die nicht vor Abteilungsgrenzen Halt machen, können gedeihen. Zusammenhänge werden deutlich und fließen ein. Die Geschwindigkeit, in der neue Muster gebildet werden können, erhöht sich mit der Zeit. Die Gruppen werden geübter im Reflektieren, Problembetrachten und beim Erdenken von Lösungen. Die Vernetzung hält sich ja nicht an den gesteckten Rahmen und findet nur im praktischen Diskurs statt. Im Gegenteil. Die An- und Aufregungen werden zwischen den Terminen, in der Kaffeeküche, auf der Kommunikations-Plattform oder sonst wo weiter diskutiert.

Eine Idee beispielsweise, die stark resoniert, birgt die Tendenz zum Aufschaukeln. Was in einer kleinen Gruppe entsteht, wird plötzlich zum Gesprächsgegenstand in der gesamten Organisation. Eine bis dato unbekannte Person trifft mit einem einzigen Post den Nerv vieler. Das kann niemand absichtsvoll initiieren, kontrollieren oder gar rückabwickeln. Die praktischen Diskurse zeigen auf diese Art, was resonanzfähig ist.

Damit verschiebt sich **Macht**. Die Mitarbeitenden werden mächtiger, nicht unbedingt jeder Einzelne, aber als Gruppe. In den praktischen Diskursen wird kritisches Denken angeregt. Die Mitarbeitenden hinterfragen häufiger Zusammenhänge oder auch Entscheidungen und erkennen etablierte Strukturfallen der Organisation. Sie tauschen sich aus, in den Gruppen, Cliquen und in ihren Teams. Sie werden sich nicht mehr so einfach mit dem Status quo zufriedengeben. Über die Zeit wird sehr deutlich, was Führung bedeutet.

Die Bedeutung formaler Führung nimmt ab

Wird organisationaler Diskurs zu einem dauerhaften Prozess, muss die Bedeutung der formalen Führung abnehmen. Es geht bei steigender Vernetzungsdichte nunmehr um die Frage nach dem Einfluss im Netzwerk. Wer die formale Macht hat, ist nicht entscheidend. Die Personen mit resonanzfähigen Lösungen oder Ideen, gehen in Führung. Hier wird besonders sichtbar, dass Führung eine soziale Dynamik ist und abhängig vom Kontext zwischen den handelnden Menschen wechselt.

Vor einiger Zeit habe ich ein Unternehmen kennengelernt, in dem der Geschäftsführende die Idee der Netzwerkorganisation umsetzen möchte. Die bisher streng arbeitsteilig organisierten Bereiche sollen sich kundenbedarfsgerecht zusammenfinden und übergreifend zusammenarbeiten. Ein wichtiger Punkt dabei: Alles hört weiterhin auf das Kommando des Geschäftsführers und agiert in seinem Sinne. Das wird so nicht funktionieren. Entweder es entsteht kein echtes Netzwerk oder der Geschäftsführer verliert einen erheblichen Teil seiner Macht und der Kontrolle, über das, was geschieht. Zurzeit ist er damit beschäftigt, Führung neu zu überdenken und dabei die Unternehmensziele einzubeziehen.

Kultur emergiert

Die Kultur der Organisation wird sich durch den organisationalen Diskurs verändern, das genaue Was, Wie und Wohin lässt sich vorab jedoch nicht bestimmen.

Zugehörigkeit und Zusammengehörigkeit

Es ist nun keine Neuigkeit, dass ernstgemeinte Partizipation das menschliche Grundbedürfnis nach Zugehörigkeit und Wachstum (im Sinne des Sich Einbringens) bedient. Gleichzeitig entsteht in den Gruppen und darüber hinaus ein starkes Gefühl der Zusammengehörigkeit. Gemeinsames Denken, Reflektieren, Aushandeln, Staunen, tiefe Überzeugungen teilen verbindet die Menschen miteinander. Das verbindet die Menschen auch mit der Organisation, denn sie reflektieren nicht im freien Raum, sondern mit einem klaren Auftrag im Sinne der Organisation.

All diese Wirkungen betrachte ich als ungemein wertvoll. Für viele Organisationen bringen sie Paradigmenwechsel mit und das muss gewollt sein. Ansonsten rufen Sie die Antagonisten des organisationalen Diskurses auf den Plan.

«Die Weisheit ist die eine Folge der Haltung. Da sie nicht das Ziel der Haltung ist, kann die Weisheit niemand zur Nachahmung der Haltung bewegen. So wie ich esse, werdet ihr nicht essen. Wenn ihr aber eßt wie ich, wird es euch nützen. Was ich da sage: daß die Haltung die Taten macht, das möge so sein. Aber die Notwendigkeiten müßt ihr ordnen, daß es so werde. Oft sehe ich, sagte der Denkende, habe ich meines Vaters Haltung. Aber meines Vaters Taten tue ich nicht. Warum tue ich andere Taten? Weil andere Notwendigkeiten sind. Aber ich sehe, die Haltung hält länger als die Handlungsweise: sie widersteht den Notwendigkeiten. Mancher kann nur eines tun, wenn er sein Gesicht nicht verlieren will. Da er den Notwendigkeiten nicht folgen kann, geht er leicht unter. Aber wer eine Haltung hat, der kann vieles tun und verliert sein Gesicht nicht.» (Über die Haltung, Geschichten von Herrn Keuner, Berthold Brecht)

Die Widersacher des organisationalen Diskurses

Das Umfeld für gelingenden Diskurs muss geschaffen werden. Etablierte Strukturen, Routinen und Überzeugungen können dabei sehr leicht den Erfolg verhindern. Deshalb ist mir wichtig, an dieser Stelle die Widersacher mit der stärksten Verhinderungskraft kurz zu skizzieren.

Der schützende Rahmen für die praktischen Diskurse und auch alle übergeordneten Workshops, ist eine zwingende Notwendigkeit. Besteht auch nur der kleinste Verdacht, dass die Gespräche, Ideen oder Inhalte gegen Teilnehmende verwendet werden könnten, ist dessen Wirkung komplett gefährdet. Die Offenheit der Gruppen kann sich nur ergeben, wenn ein sicherer Rahmen dafür gesetzt ist.

- **«Wir brauchen Ergebnisse. Sofort!»**
  Wollen Sie eigentlich Workshops, in denen die Gruppen schnelle Maßnahmen verabreden, dann benennen Sie das bitte auch so. Die Dressur auf To-dos und «irgendwas Umsetzbares» ist kontraproduktiv zum gemeinsamen Denken und intensiven Erforschen der sozialen Wahrheit.

- **«Komm, lass uns Partizipation spielen.»**
  Die Mitarbeitenden sollen sich eingebunden fühlen – oft gehört. Gerade in agilen Kontexten, in denen es um mehr Eigenverantwortung der Mitarbeitenden geht, ist damit häufig

nicht mehr als «Sei aktiver, aber entscheide nur genauso, wie ich entschieden hätte» gemeint. Geht es nur darum, ein Gefühl bei den Mitarbeitenden zu erzeugen, können Sie sich sämtliche Aktivitäten sparen. Menschen haben ein gutes Gespür für Scheinheiligkeit. Im organisationalen Diskurs ist Partizipation ernst gemeint.

- **«Ah, ein cooles Workshop-Format.»**
Wenn Sie «nur» das Format tauschen wollen, die Agenda des «Schnell mal was klären» aber unverändert bleibt, wird sich der organisationale Diskurs nicht entfalten. Er ist ein Prozess, er ist anstrengend und hat Wirkungen. Es ist ganz klar kein Workshop-Format.

- **«Wir brauchen erst einen gewissen Reifegrad.»**
Diese Aussage stammt häufig von Menschen, die als Facilitator oder Moderierende mit Gruppen arbeiten. Das Setup des Gesamtprozesses und das Design des praktischen Diskurses ist entscheidend. Würden erst alle Aspekte wie Reflexion oder Bewertungen in der Schwebe halten trainiert, wäre der Ansatz über-didaktisiert und seine Wirkung verfehlt.

- **«Macht wird nicht infrage gestellt.»**
In Organisationen geht es immer auch um Macht und Status. Macht ist eine soziale Dynamik und damit immer präsent. Ein unverkrampfter Umgang mit dem Thema ist sehr förderlich, denn der organisationale Diskurs wird es zwangsläufig an die Oberfläche holen. Es ist also gut, das auf allen Ebenen des Prozesses zu berücksichtigen.

- **«Das muss doch auch harmonisch gehen.»**
Immer wieder höre ich den Vorschlag, dass die Gruppen für den praktischen Diskurs so zusammengestellt werden, sodass die Menschen «gut zusammenpassen». Die leitende Idee dahinter ist häufig, Konflikte zu vermeiden. Harmonisch darf der Diskurs sein, aber nicht ohne Auseinandersetzung und Reibungspunkte. Bevorzugen Sie eine Harmoniesuppe, in der die Konflikte nur einfach nicht sichtbar sind, rate ich vom Diskurs ab.

- **«Wir entwickeln Menschen.»**
  Organisationen haben generell keinerlei Auftrag für die Persönlichkeitsentwicklung der Mitarbeitenden. Das gilt also auch für den praktischen Diskurs, denn er bedeutet Organisationsentwicklung.

Es ist mir sehr daran gelegen, den organisationalen Diskurs in all seinen Facetten und Wirkungsweisen ernst zu nehmen. Suchen Sie nach einer Möglichkeit, um Wissen zu transportieren, dann organisieren Sie ein Training für die Beteiligten. Wollen Sie den Menschen einfach etwas Gutes tun, laden Sie sie zum Essen ein. Wollen Sie gemeinsame Sinnsetzung und wirksame Veränderung in Ihrer Organisation, dann laden Sie zum organisationalen Diskurs ein.

DIE ERKENNTNISSE IN KURZFORM

- Organisationaler Diskurs erhöht die Vernetzung und damit die Komplexität in der Organisation. Ergebnisse und Wirkungen lassen sich im Detail nicht vorhersagen.
- Führung wird stärker als soziale Dynamik wahrgenommen. Die Kraft formaler Führung schrumpft.
- Das Gefühl von Zugehörigkeit und Zusammengehörigkeit steigt für alle Beteiligten.
- Der organisationale Diskurs hat einige Widersacher. Sein stärkster Gegner ist das «nicht ernst meinen».

Am Ende dieses Buches angelangt, haben Sie hoffentlich Ihr Verständnis vom organisationalen Diskurs erweitert, vervollständigt und aktualisiert. Ich hoffe, Sie konnten Ideen finden, Neues erkennen und Lust an der komplexitätsgerechten Veränderung von Organisationen gewinnen. Das ist eine anspruchsvolle Aufgabe, bei der es viel zu berücksichtigen gibt – immer im jeweiligen Kontext. Das genau macht den organisationalen Diskurs so spannend. Wie auch immer Sie damit umgehen, eines wünsche Ihnen von Herzen: Bleiben Sie erfolgreich.

GLOSSAR

Beobachten/Beobachter

Der Konstruktivismus geht davon aus, dass es keine objektive Wirklichkeit gibt. Alles, worüber wir sprechen, sagen wir aus der Perspektive eines Beobachtenden. Der Beobachtende konstruiert seine Wirklichkeit. Die Operation des Beobachtens ist Unterscheidung.

Seite 25, 26, 56, 30, 39, 48

Community of inquiry

Eine Gruppe von Menschen, die im Auftrag und Sinne der Organisation gemeinsam einen Prozess, ein Vorhaben reflektieren. Sie denken kritisch darüber nach, reflektieren gemeinsame Deutungsmuster und erarbeiten eine «Wahrheit».

Seite 67, 119, 177

Dialog

Nach dem Quantenphysiker David Bohm ist der Dialog nicht nur ein spezielles Setting für eine gute Unterhaltung, sondern gemeinsames Denken

und nach Lösungen suchen. Dabei ist jeder Teilnehmende eingeladen, seine beziehungsweise ihre Meinung zu ändern.
Seite 102, 105 ff., 133

Diskurs, organisational/praktisch
Der organisationale Diskurs ist ein reflexiver, fortlaufender Prozess des gemeinsamen Denkens. Er zeigt Wer über Was und Wie spricht und beeinflusst den praktischen Diskurs gleichermaßen. Im praktischen Diskurs findet die tatsächliche Auseinandersetzung zu wesentlichen Themen statt. Der Prozess folgt dabei den Schritten Reflect – Irritate – Declare – Agree.
Seite 8 ff., 95 ff., 108, 125 ff.

Diskursanalyse
Nach dem Philosophen Michel Foucault bringt die Diskursanalyse hervor, wie Diskurse zu einem Thema tatsächlich geführt und bewertet werden. Es ist das Wer spricht Wie über Was.
Seite 112 ff., 120

Diskursethik
Der Philosoph Jürgen Habermas postuliert «Kommunikationsregeln», mithilfe derer in einem praktischen Diskurs geltende Normen erarbeitet und verabredet werden.
Seite 109, 110, 168

Diskursprinzip
Als ein Leitprinzip der Diskursethik nach Jürgen Habermas, besagt es, dass nur jene Normen gültig sein können, denen alle Beteiligten zustimmen können.
Seite 109, 110

Emergenz
Mit Emergenz ist die Fähigkeit komplexer Systeme bezeichnet, aus sich heraus neue Muster zu bilden. Sie können also ihre Ordnung ändern, ohne dass das über ihre Elemente zu erklären wäre. Das System ist mehr als die Summer seiner Elemente.
Seite 34

Great Man Theory

Zurückgehend auf den schottischen Philosophen Thomas Carlyle besagt diese Theorie, dass herausragende Führungspersönlichkeiten als solche geboren werden. Eigenschaften wie Motivation, Durchsetzungsvermögen, Selbstvertrauen, Empathie, Initiative oder Energie werden nicht erworben und sind somit auch nicht allen Menschen zugänglich. Die Idee führt schnell zu einem Personenkult und lenkt davon ab, dass Leistungen immer Teamleistungen sind.

Seite 79

Instabilität

Veränderung in Komplexität benötigt Phasen von Energie und Instabilität. In diesen Phasenübergängen können neue Muster und Routinen gebildet werden.

Seite 55 ff., 117

Irritation

Auf der individuellen sowie der organisationalen Ebene ist Irritation ein Mechanismus, um Instabilität zu erzeugen. Das führt zu Lernen und Veränderung.

Seite 126, 141 ff.

Kommunikation

Nach Gregory Bateson ist Kommunikation die Konstruktion von Wirklichkeit als ein zirkulärer Prozess zwischen den Beteiligten. Der Soziologe Niklas Luhmann versteht Kommunikation als Operation sozialer Systeme. Erst wenn der Adressat «versteht», beginnt Kommunikation. Ziel von Kommunikation ist die Fortsetzung von Kommunikation.

Seite 40 ff.

Kommunikatives Handeln

Die von Jürgen Habermas formulierte Theorie des kommunikativen Handelns geht von zwei Annahmen aus: 1. Verständigung bedeutet, dass sich sprach- und handlungsfähige Menschen einigen. Einigung ist dabei eine rational begründete Zustimmung. 2. Rationalität ist eine grundlegende Eigenschaft sprach- und handlungsfähiger Menschen.

Seite 42

Komplexitätsreduktion
Menschen und Organisationen haben gleichermaßen vielfältige Mechanismen, um Komplexität zu reduzieren und somit ihre Wahlmöglichkeiten einzuschränken. Organisationen können nicht auf jeden Impuls aus ihrer Umwelt reagieren.
Seite 84, 86, 89

Kompliziert
Komplizierte Probleme, Aufgaben oder Kontexte zeichnen sich durch Vorhersagbarkeit und Linearität aus. Sie sind kontrollierbar, aber auch fehleranfällig.
Seite 35, 36, 53, 59

Konsenstheorie
Nach Jürgen Habermas scheitert die Verständigung in einem Diskurs, wenn die Anforderungen an Verständlichkeit, Wahrheit, Wahrhaftigkeit und Korrektheit nicht erfüllt sind. Dann kann ein Konsens nicht erzeugt werden.
Seite 42, 168

Konstruktivismus
Unter dem Dach des Konstruktivismus befassten und befassen sich Wissenschaftler ganz verschiedener Disziplinen mit der Frage, wie wir Wissen erwerben und zu Erkenntnissen kommen. Dabei konstruieren wir ein Modell der Welt im jeweils eigenen Kopf. Wir erleben keine objektive Welt, sondern nehmen alles subjektiv und gefiltert wahr.
Seite 23, 25

Kultur
Kultur entsteht in jeder Organisation emergent aus dem Zusammenspiel und der Interaktionen im System. Sie ist quasi die Summe der geltenden Normen und Regeln.
Seite 116, 184

Kybernetik
Der amerikanische Mathematiker Norbert Wiener gilt als Begründer der Kybernetik. Es ist die Lehre von Steuerung und Regelung. Nach Wiener gelten grundlegende Prinzipien des Funktionierens bei Maschinen ebenso

wie bei Lebewesen. Dazu zählen für ihn vor allem Kommunikation (Informationsaufnahme und -verarbeitung) und Regelung (Feedbackprozesse).
Seite 19, 26

Lernende Organisation
Damit eine Organisation lernt, muss sie in der Lage sein, sowohl ihr Handeln als auch ihre Vorstellungen zu reflektieren und anzupassen.
Seite 61

Menschenbild
Das Menschenbild ist eine Sammlung von Annahmen darüber, wie der Mensch im Allgemeinen ist. Damit «wissen» wir, was wir von den Menschen erwarten können und begründen damit auch ihr Verhalten.
Seite 8, 68 ff.

Macht
Macht ist eine soziale Beziehung in Organisationen und notwendig, um Fortschritt und Zusammenarbeit zu erreichen. Sie ist nicht an eine Person gebunden und immer unausgewogen. Es sind die Akteure, die das Spiel bestimmen.
Seite 112, 113, 120, 136, 174, 186

Mathetik
Mathetik ist das Gegenstück zur lehrerorientierten Didaktik. Sie versteht Lernen als einen Prozess des Konstruierens durch den Schüler. Mit der Mathetik geht das konstruktivistische Verständnis der subjektiven Wirklichkeit einher.
Seite 125

Milgram-Experiment
Der Psychologe Stanley Milgram wählte 40 Versuchspersonen aus, um zu zeigen, wie einfach sich «ganz normale Menschen» zu gewalttätigem Verhalten bringen lassen. Die Probanden glaubten Teil eines Lernexperimentes zu sein und als Lehrer den Schülern etwas beibringen zu sollen. Die Schüler sollten sich Wortpaare merken und wiedergeben. Bei einem Fehler bekamen sie durch ihren Lehrer einen Elektroschock. Die Stromspannung wurde bei jeder weiteren falschen Antworten erhöht. Mehr als

die Hälfte der Lehrer ging bis 450 Volt in den Schocks. Die Schüler waren in Wirklichkeit Schauspieler.

Seite 88

Open-Book Management

Der Unternehmer und Buchautor Jack Stack wünscht sich Organisationen, die so sind wie Aquarien. Es ist klar, wer was tut, was reinkommt, was rausgeht. Er selbst hat mit radikaler Transparenz in den 1980er-Jahren sein Unternehmen SRC vor dem Ruin bewahrt.

Seite 82

Paradoxie

Paradoxien sind die Widersprüchlichkeiten und scheinbaren Unlogiken, mit denen wir täglich in Organisationen konfrontiert werden. Tagesgeschäft versus Innovation, Sparen versus Produktentwicklung und viele mehr.

Seite 11, 155 ff.

Regelung

Die Idee, komplexe Systeme zentral steuern zu können, ist obsolet. Einfluss nehmen können wir über das Regeln: Soll- und Ist-Werte abgleichen und intervenieren. Dabei sind immer Rückkopplungsschleifen mit ihren eskalierenden oder balancierenden Effekten zu beachten.

Seite 37, 58 ff.

Red Team

Der Ansatz geht zurück auf das preußische Militär. Um die eigene Kriegsstrategie zu verbessern, arbeitete man mit Aufstellungsbrettern. Der Gegner bekam die Farbe Rot. So prägte sich der Begriff. Das US-amerikanische Militär unterhielt viele Jahre eine Red Team-Akademie, in der die Soldaten in kritischem und kreativem Denken geschult wurden.

Seite 139 ff.

RIDA-loop

Der praktische Diskurs ist das Herzstück des organisationalen Diskurses und ein iterativer Prozess, der in den Schritten Reflect – Irritate – Declare – Agree verläuft.

Seite 126 ff., 170, 177

Rückkopplungsschleifen (feedback-loops)
Der Alltag in Organisationen ist voller Rückkopplungen. Wichtig zu unterscheiden ist dabei zwischen positivem und negativem Feedback. Während positive Rückkopplungsschleifen sich aufschaukeln und eskalieren, sorgt die negative Rückkopplung für die Annäherung an ein Ziel beziehungsweise balanciert das System aus.
Seite 37 ff., 60, 165

Selbstreferenziell
Der Mensch, wie jedes komplexe System, ist selbstreferenziell. Das bedeutet, das System kann sich auf sich selbst beziehen. Signale aus der Umwelt, werden vom System wahrgenommen. Was es daraus macht, entscheidet allein das System. Es geht ihm dabei immer um den Selbsterhalt.
Seite 29, 36, 155

Steuerung, zentrale
Siehe Regelung
Seite 37, 58 ff.

Synergetik
Als die »Lehre des Zusammenwirkens« von Hermann Haken begründete Theorie, die sich mit der Veränderung von Strukturen komplexer Systeme beschäftigt.
Seite 51, 53 ff., 127

System, komplexes
Ein System besteht aus vielen Elementen, die sich aufeinander beziehen. Durch die Wechselwirkungen entsteht immer auch Dynamik. Wichtig für die Beobachtung einer Organisation als komplexem System sind Zweck und Struktur.
Seite 8, 31, 39, 80

Tabu
In jeder Organisation gibt es Themen, die nicht besprochen werden. Diese Tabus sind mehr oder weniger bewusst. Nicht jedes Tabu sollte unmittelbar ans Licht gezerrt werden, ohne vorher nach seiner Funktion zu fragen.
Seite 64, 136 ff.

Taylorismus
Das Scientific Management wurde von Frederick W. Taylor zu Beginn des 20. Jahrhunderts entwickelt und sollte mit einem wissenschaftlichen Ansatz Wohlstand für alle ermöglichen. Dazu wurde das Denken vom Arbeiten klar getrennt und damit auch Arbeiter und Manager mit eindeutigen Aufgaben betreut. Arbeit in kleinstmögliche Einheiten zerlegen, präzise beschreiben, von jedem Angelernten ausführen lassen und auf Effizienz optimieren, sind die Grundprinzipien des Taylorismus. Was bei der Herstellung des Ford T bestens funktionierte, ist längst kein passendes Prinzip für Komplexität.
Seite 73, 74

Transformatives Lernen
Jack Mezirow prägte den Begriff in den 1970er-Jahren. Auch er ging von einem konstruktivistischen Weltbild aus, sodass Lernen die Konstruktion von Bedeutung ist. Lernen ist ein aktiver Prozess und bedeutet Reflexion und Erforschung auf den Ebenen Inhalt, Prozess und Prämisse.
Seite 127

Universalisierungsprinzip
Es ist das zweite Prinzip, das der Diskursethik von Jürgen Habermas zugrunde liegt. Die im Diskurs erarbeiteten Normen müssen eine allgemeine Gültigkeit haben, sodass alle Beteiligten gut mit ihnen leben können.
Seite 109, 110

Unterscheiden
Unterscheiden ist die Operation des Beobachtens (⇒ **Beobachten**). Nach Gregory Bateson bestehen Informationen aus Unterschieden.
Seite 36, 37, 39

Varietät
Varietät meint die Anzahl möglicher Zustände eines Systems. Der Kybernetiker Ashby formulierte das Gesetz der notwendigen Varietät, bei dem der Controller eines Systems mindestens die Komplexität aufweisen muss wie das zu kontrollierendes System selbst.
Seite 90 ff.

Vernetzung
Um Ashby's Gesetz der erforderlichen Varietät zu entsprechen, wird die Vernetzung funktionsübergreifend in der Organisation «entfesselt«. Möglichst diverse Gruppen von Menschen mit verschiedenen Funktionen, Erfahrungen und Sichtweisen bringen ihre Ideen ein und steigern somit die Komplexität der Organisation.
▨ Seite 182, 187

Wahrheit
Die Wahrheit existiert nicht. Sie in einer Organisation durch soziale Interaktion produziert.
▨ Seite 24, 86, 109, 111, 150, 152, 169

Wahrnehmung
Wahrnehmung ist subjektiv und für jeden Menschen geprägt durch individuelle und kulturelle Faktoren.
▨ Seite 26 ff., 70, 161

Wandel 1. Ordnung
Veränderungen, die sich auf Prozesse, Richtlinien, Regeln beziehen, die mentale Modelle nicht reflektieren, sind Veränderungen 1. Ordnung. Mit ihnen lässt sich optimieren, aber nicht grundlegend verändern.
▨ Seite 117

Wandel 2. Ordnung
Geht es an grundlegende Strukturen, Überzeugungen und Annahmen, findet Veränderung 2. Ordnung statt. Sie braucht entsprechend Energie und Instabilität, weil ein Prozessmusterwechsel notwendig ist.
▨ Seite 117

Wirklichkeit/Wirklichkeitskonstruktion
Der Konstruktivismus unterscheidet zwischen dem Realen (der physikalischen Welt) und Wirklichkeit (die konstruierte Lebenswirklichkeit).
▨ Seite 10, 22 ff., 25, 41, 63, 112, 120

LITERATURVERZEICHNIS

Argyris, Chris: Organizational Traps. Leadership, Culture, Organizational Design, Oxford University Press, 2010.

Argyris, Chris: Teaching smart people how to learn, Harvard Business School Publishing, 2008.

Argyris, Chris/Schön, Donald A.: Die lernende Organisation, Schäffer-Poeschel Verlag, 1996.

Arnold, Rolf: Seit wann haben Sie das? Grundlinien eines Emotionalen Konstruktivismus, Carl-Auer Verlag, 2019.

Arnold, Rolf/Schön, Michael: Ermöglichungsdikaktik. Ein Lehrbuch, hep-verlag, 2019.

Austin, John L.: Zur Theorie der Sprechakte (How to do things with words), reclam, 2022.

Bateson, Gregory: Die Ökologie des Geistes. Suhrkamp taschenbuch, 1985.

Bohm, David: Die implizite Ordnung, Crotona Verlag, 2018.

Bohm, David: Der Dialog, Klett-Cotta, 2021.

Borgert, Stephanie: Unkompliziert. Das Arbeitsbuch für komplexes Denken und Handeln in agilen Unternehmen. Gabal Verlag, 2018.

Dörner, Dietrich: Die Logik des Misslingens. Rowohlt Taschenbuch, 2003.

Ellinor, Linda/Gerard, Glenna: Der Dialog im Unternehmen, Klett Cotta, 2000.

Fatzer, Gerhard (Hrsg.), Organisationsentwicklung und Supervision: Erfolgsfaktoren bei Veränderungsprozessen, EHP, 1996.

Foucault, Michel: Archäologie des Wissens, Suhrkamp Verlag, 1981.

Foucault, Michel: Die Ordnung des Diskurses, Fischer Taschenbauch Verlag, 1991.

Foucault, Michel: Der Mut zur Wahrheit, Suhrkamp Verlag, 2010.

Foucault, Michel: Analytik der Macht. Suhrkamp Verlag, 2005.

Gandolfi, Alberto: Von Menschen und Ameisen. Denken in komplexen Zusammenhängen, orell füssli Verlag Zürich, 2001.

Grubendorfer, Christina: Einführung in systemische Konzepte der Unternehmenskultur, Carl-Auer Verlag 2016.

Habermas, Jürgen: Wahrheitstheorien, in: H. Fahrenbach (Hg.), Wirklichkeit und Reflexion, Pfullingen 1973.

Habermas, Jürgen: Theorie des kommunikativen Handelns, Band 1, Suhrkamp Verlag, 1995.

Habermas, Jürgen: Theorie des kommunikativen Handelns, Band 2, Suhrkamp Verlag, 1995.

Haken, Hermann: Dynamics of Synergetic Systems. Springer, 1979.

Haken, Hermann/Schiepek, Günter: Synergetik in der Psychologie. Selbstorganisation verstehen und gestalten. Hogrefe Verlag, 2010.

Hartkemeyer, Martina/Johannes F./Tobias: Dialogische Intelligenz, Info3-Verlagsgesellschaft Frankfurt, 2016.

Höher, Friederike: Menschliche Resilienz im Unternehmen. Dialog als Ressource, Verlag Barbara Budrich, 2018.

Hoffman, Bryce G., Red Teaming, self-publishing, 2017.

Isaacs, William: Dialog als Kunst gemeinsam zu denken, EHP Verlag, 2002.

Jäger, Siegfried/Zimmermann, Jens: Lexikon Kritische Diskursanalyse, UNRAST-Verlag, 2019.

Kruse, Peter: next practice – Erfolgreiches Management von Instabilität. Gabal Verlag, 2010.

Lorenz, Konrad: Die Rückseite des Spiegels. Versuch einer Naturgeschichte menschlichen Erkennens. Piper Verlag, 1997.

Matthiesen, Kai/Muster, Judith/Laudenbach, Peter: Die Humanisierung der Organisation. Verlag Franz Vahlen, 2022.

Meadows, Donella H.: Die Grenzen des Denkens, oekom Verlag München, 2010

Nikolaus Kolleth (MärchenWirkstatt) http://www.maerchenwirkstatt.de, 1999.

Popper, Karl R., Alles Leben ist Problemlösen, Piper Verlag München, 1996.

Roth, Gerhard (1987b): Erkenntnis und Realität: Das reale Gehirn und seine Wirklichkeit. in: Schmidt, Siegfried J. (Hg.): Der Diskurs des Radikalen Konstruktivismus. Frankfurt/M. (Suhrkamp), S. 229 – 255.

Schein, Edgar H., Organisationskultur und Leadership, Vahlen Verlag, 2018.

Senge, Peter: Die fünfte Disziplin. Schäffer-Poeschel Verlag, 2011.

Shaw, Patricia, Changing conversations in organizations, Routledge, 2002.

Simon, Fritz B., Einführung in Systemtheorie und Konstruktivismus, Carl-Auer Verlag, 2011.

Von Foerster, Heinz/Pörsken, Bernhard: Wahrheit ist die Erfindung eines Lügners, Carl-Auer-Systeme Verlag, 1998.

Von Foerster, Heinz et al., Einführung in den Konstruktivismus, Piper Verlag München, 2012.

von Foerster, Heinz: Wissen und Gewissen. Versuch einer Brücke. Suhrkamp Verlag, 1993.

Watzlawick, Paul: Wie wirklich ist die Wirklichkeit?, Piper Verlag, 2005.

Watzlawick, Paul/Beavin, Janet H., Jackson, Don D., Menschliche Kommunikation, Hogrefe Verlag, 2017.

Wellhöfer, Peter R., Gruppendynamik und soziales Lernen, UVK Verlag, 2018.

Wohland, Gerhard/Wiemeyer, Matthias: Denkwerkzeuge für Höchstleister. Unibuch Verlag, 2012.

Zichy, Michael: Die Macht der Menschenbilder. reclam, 2021.

ÜBER DIE AUTORIN

Stephanie Borgert ist 1969 im Ruhrgebiet geboren und aufgewachsen. Sie studiert als eine der ersten Frauen Ingenieur-Informatik und startet eine Karriere in der IT. Im Jahr 2007 macht sie sich selbstständig und begleitete seitdem Teams und Organisationen in Veränderung.

Als **Komplexitätsforscherin** beschäftigt sich Stephanie Borgert mit der Frage, wie Zusammenarbeit in einer turbulenten, dynamischen Welt sinnvoll organisiert werden kann. «Gemeinsam denken, wirksam verändern» ist ihr achtes Buch zu diesem Themenkomplex. Zudem veröffentlicht sie Fachartikel und schreibt seit vielen Jahren als Wirtschaftskolumnistin für die Frankfurter Rundschau.

Als **Vortragsrednerin** bringt sie die vielschichtigen Themen humorvoll, verständlich und kabarettistisch auf die Bühne. Direkt, klar und ungeschminkt – Ruhrpott eben.

Sie erreichen die Autorin unter www.stephanieborgert.de

Stephanie Borgert ist zudem Board Member und Chief Solutions Officer des kroatischen Start-Up «qohubs» (www.qohubs.com). Das Unternehmen steht für organisationalen Diskurs und arbeitet mit einigen namhaften Unternehmen in Europa zusammen.